熟成肉聖經

專家聯手鉅獻，
濃縮極致醇郁滋味的技術

柴田書店／編著

安珀／譯

目次

攝影／天方晴子

設計／中村善郎（Yen）

編輯／佐藤順子

p.9、p.13攝影／渡辺伸雄

前言

將蔬菜納入飲食生活當中的重要性，在最近幾年漸漸受到人們廣泛的認可。以往都是擔任配菜角色的蔬菜料理，現在作為商品也相當熱銷。

另一方面，作為優良蛋白質的供應來源，「吃肉吧！」這樣的熱潮最近也漸漸高漲起來。

換句話說，大家漸漸重新認識飲食均衡的重要性了吧。

在最近的吃肉風潮當中，為了將肉吃得更加美味又健康所採用的「熟成（dry aging）」技術，受到眾人的關注。這項適合健康又富含蛋白質的赤身肉的技術也符合健康取向嗎？以往相較於布滿油花的高級牛肉，赤身肉「硬又難吃」的這種印象，已經轉變成「柔嫩清爽很順口」，似乎也可以說是拜這個「熟成」的過程所賜。

花費時間慢慢變得美味的「熟成」這個字眼，聽起來特別舒服。不只是肉類，經過熟成的東西，不論是誰都會覺得很美味。

經過良好熟成的肉品會變得柔嫩，增添鮮味，還會產生獨特的香氣。

本書採訪的6家餐廳，都是實際在店鋪內進行像這樣為肉品增添附加價值的「熟成」技術，書中並介紹了各家餐廳的獨門熟成方法、吃起來會很美味的燒烤方法及料理。

「熟成」是非常具有魅力的技術，但熟成和腐敗也被認為是一體兩面。為了變得好吃所進行的「熟成」，只要稍微有個閃失，就會變成「腐敗」。在「熟成肉」普及之際，希望能仔細留意衛生層面，安全地提供美味的熟成肉。

肉的熟成、料理、提供

說明

1　第2章的刊載順序是依照創業年度的順序。

2　本書中，將真空包裝袋內的熟成稱為「濕式熟成（Wet Aging）」，
　　除此之外的熟成稱為「乾式熟成（Dry Aging）」。

3　各家店皆是以同一肉品進行熟成前和熟成後的比較。
　　（p.66～67以及p.140～141，則是以在相同時期開始熟成的相同部位的其他肉品進行比較）

4　書中刊載的資料、食譜、店鋪情報、菜單價格等是截至2014年1月為止的資訊。

關於牛肉的等級

[日本和牛]

一般是將精肉率合併肉質等級的評價來區分等級。**A5**是最高等級。

1　精肉率：從可食用比例高者開始，依照順序分成**A**、**B**、**C**的等級。

2　肉質等級：從優質開始，依照順序分成**5**、**4**、**3**、**2**、**1**的等級。只有在以下1～4的全部4個項目當中，都被判定為5級的牛肉，肉質等級才會是5級。

　1　牛脂肪交雜基準（B.M.S）：依照油花的分布狀況，評鑑出12個等級。
　　　1是肉質等級**1**，
　　　2是肉質等級**2**、
　　　3～4是肉質等級**3**、
　　　5～7是肉質等級**4**、
　　　8以上是肉質等級**5**。

　2　肉的色澤：以牛肉色澤基準（B.C.S）為標準，依照赤身肉部分的顏色和光澤評鑑等級。從優質開始，依照順序分成**5**、**4**、**3**、**2**、**1**的等級。

　3　肉的緊實度和紋理：以紋理細緻且肉質緊實者為優。從優質開始，依照順序分成**5**、**4**、**3**、**2**、**1**的等級。

　4　脂肪的光澤和品質：以牛肉脂肪顏色基準（B.F.S）為標準，脂肪的光澤好看且品質很好的牛肉列為較高的等級。從優質開始，依照順序分成**5**、**4**、**3**、**2**、**1**的等級。

[美國牛肉]

牛肉屠體以肉質等級和精肉率來評鑑等級。

1　肉質等級（Quality Grade）
　　根據牛隻品種、性別、成熟度、脂肪交雜等因素評鑑等級。從品質最優者開始，分成**極佳級（Prime）**、**特選級（Choice）**、**可選級（Select）**、**合格級（Standard）**、**商用級（Commercial）**、**可用級（Utility）**、**切塊級（Cutter）**、**製罐級（Canner）**（根據牛隻的年齡和性別的不同，有時會分成5種等級）。目前日本進口的美國牛肉是「極佳級」、「特選級」、「可選級」這3種等級。

　1　脂肪交雜：因為與肉的風味和多汁程度有關，所以是在決定肉質等級方面非常重要的要素，評鑑分10個等級。日本進口的是從最上等到第7等級的美國牛肉。
　　　1（Abundant：富量）、
　　　2（Moderately Abundant：多量）、
　　　3（Slightly Abundant：次多量）為極佳級。
　　　4（Moderate：中量）、
　　　5（Modest：普通量）、
　　　6（Small：少量）為特選級。
　　　7（Slight：微量）為上選級。

　2　成熟度：從年齡最小的牛隻開始，依照順序分成**A**、**B**、**C**、**D**、**E**這5個等級。

2　精肉率（Yield Grade）
　　根據皮下脂肪、腎臟‧骨盆‧心臟等的脂肪附著程度、肋眼心的面積、屠體重量，從優質開始，依序分成
　　　Y1（No Fat：無脂肪）、
　　　Y2（Little Fat：少脂肪）、
　　　Y3（Average Fat：普通量脂肪）、
　　　Y4（Full of Fat：充滿脂肪）、
　　　Y5（Extreme Fat：極多量脂肪）
　　這5種等級。

第1章 肉的熟成 基本認識

對日本人來說，新鮮度佳是選擇食品時的一個重要條件。肉品也是如此，日本人認為新鮮的肉品是好的，偏愛顏色漂亮的肉品。因此，由於經過熟成的肉品會變色，一般人選購的意願就降低了。因為與歐美國家相比，日本的肉品熟成歷史尚短，民眾的認知度很低，所以對於它的優點也不太理解。

不過，最近民眾漸漸開始認識熟成肉。在店裡將肉品熟成的餐廳也漸漸增多。在本章當中，從事熟成肉加工販售的S Foods株式會社的東京營業所所長澤真人先生和係長坊聰先生，將為大家解說牛肉熟成的正確基本知識和技術。

關於牛肉的
熟成機制和實際情形

S Foods株式會社

東京營業所 所長　澤 真人

東京營業所 係長　坊 聰

1 何謂熟成？

熟成是什麼呢？

物質經過一段時間，使得性質漸漸變化成最好吃的狀態就是熟成。但是熟成的定義，遺憾的是還沒有具體的規定。

在這裡，我們來談談關於食用肉，特別是牛肉的熟成吧。肉品在屠宰之後數小時會開始僵硬，而隨著時間拉長這種僵硬的狀態解除之後就會變得柔軟。然後，熟成時間更久則會產生各種不同的變化。

2 為什麼要讓肉品熟成呢？

熟成的目的就是花費工夫和時間讓肉品吃起來更加美味。但是隨著時間而改變性質的熟成，與腐敗是一體兩面的現象。人們食用之後不會有害健康的變質是熟成，會損害健康的變質就變成腐敗了。

所以，讓肉品熟成這件事，偶爾也會具有變成腐敗的危險性。這個觀念，不僅是像我們這種處理食用肉的業者，在餐廳的店內執行熟成的各個人員也必須確實地銘記在心。

3 熟成的優點

熟成有3個優點。這些優點是肉類未經熟成時無法取得的。

雖然需要花費成本，但是藉由熟成之後的效果，能夠把肉類這種商品予以差異化，對於我們食品廠商和飲食業的各位來說，應該是最大的優點吧。

（1）肉品會變得柔軟。

屠體經過一段時間，死後僵硬的狀態會解除、肌肉細胞產生變化而變得柔軟。如果繼續放置更長的時間，構成肉的肌肉組織分解之後，會變得更加柔軟。

（2）增添鮮味。

隨著時間流逝，肉類的蛋白質會被分解成鮮味的來源胺基酸，因而變得美味。

（3）產生獨特的熟成香氣。

伴隨著熟成所產生的香氣滲入肉品當中，可以連同藉由燒烤這種加熱調理方式產生的好聞香氣一起享用。

4 為何赤身肉適合熟成呢？

因為熟成是分解蛋白質的過程，所以脂肪的部分不會熟成。因此，蛋白質豐富的赤身肉適合進行熟成。

像油花很多的等級5的牛肉，這類脂肪比例很高的肉品，發生熟成的比例很少，所以能夠享受到熟成優點的分量，當然變得比赤身肉更少。與之相比，等級3的牛肉，赤身肉的分量占6成左右，因此也可以說，很容易就能呈現出熟成的優點。

牛的脂肪多半是以飽和脂肪酸和不飽和脂肪酸構成的。在不飽和脂肪酸當中的單元不飽和脂肪酸油酸〔油酸具有抑制LDL的效果，高膽固醇、高熱量的飲食會導致壞膽固醇（LDL）過度增加〕，它的分量在熟成前和熟成後完全沒有任何變化。

雖然無法明確了解在肉品內部發生這些現象的機制，但是藉著熟成，抑制了脂肪的甜味和香氣，肉品的味道變得清爽之後，似乎變得比較順口。

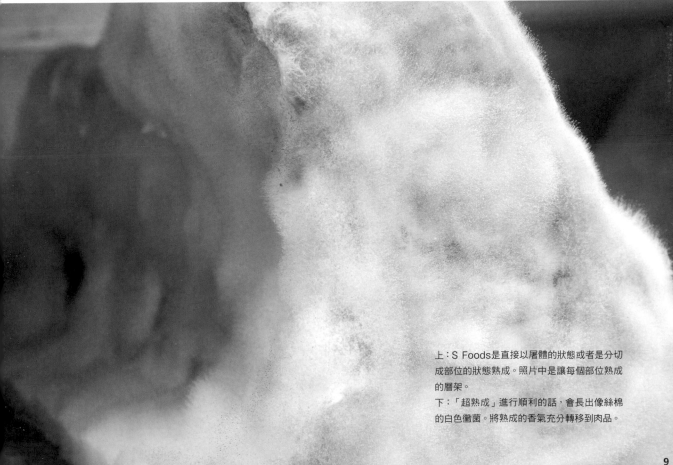

上：S Foods是直接以屠體的狀態或者是分切
成部位的狀態熟成。照片中是讓每個部位熟成
的層架。
下：「超熟成」進行順利的話，會長出像絲棉
的白色黴菌。將熟成的香氣充分轉移到肉品。

5 熟成的種類

熟成的方法有很多種。以往牛排館老店或壽喜燒店等也會把肉品放在店內的冷藏室內靜置3週左右，這也是一種熟成的方法。

像這樣從以前就一直採用的熟成方法，與現今成為話題、美國漸漸開始採用的乾式熟成，最好把這兩者當成完全不同的方法。

一般來說，熟成有**濕式熟成**和**乾式熟成**這兩種方法。不過，這兩個名詞與熟成一樣，並沒有明確的定義。

☐ 濕式熟成

（1）真空包裝袋中進行的濕式熟成

以往我們處理食用肉的業者，將牛肉以屠體的狀態保存在冷藏庫裡2週左右，讓牛肉熟成之後才出貨。

近年因真空包裝普及，開始改成濕式熟成——將屠體的各個部位分切後，以真空包裝機包裝，讓牛肉在包裝袋中熟成。這種濕式熟成與其說是熟成，倒不如應該說是一種以保存為目的的手段。

濕式熟成雖然與乾式熟成一樣，蛋白質會隨著時間流逝被分解成胺基酸，但由於包裝袋內沒有空氣，所以熟成的進展相當緩慢。因此，要追求熟成的香氣（熟成的其中一個目的）也就相對困難。

如同之後會談到的，乾式熟成的肉品表面會長出黴菌。這種黴菌帶有被稱為蛋白酶的蛋白質分解酵素，酵素滲透進肉品當中就是乾式熟成。若是在真空的狀態下，這種被稱為蛋白酶的酵素會停止活動，所以新鮮度不會降低，鮮味也不太會增加。換句話說，在真空狀態的乾式熟成中是無法看見蛋白質分解成胺基酸這種變化的。

（2）濕式熟成的注意要點

肉品本身隨著時間推移會變得柔軟。在肉品變得柔軟之際，水分會從肉品脫離，屯積在包裝袋之中。如果就這樣任由水分長時間屯積在包裝袋內，就會成為腐敗的源頭，有時候也可能導致肉品的腐敗，所以切忌過於信任真空包裝。

由於某些原因使得真空包裝袋有了破洞等，會更增加腐敗的危險性。空氣經由小小的孔洞進入包裝袋內，

肉品接觸到空氣之後，表面的顏色就會不斷變化。

☐ 乾式熟成

肉品會因為溫度、濕度、時間這些環境要素的改變，使得熟成狀態產生變化。而這些環境要素也會依照要使用的肉、部位、要熟成的肉塊大小等條件來調整。不裝入真空包裝袋內，而是讓肉品處於這些環境要素下，利用肉品長出來的菌類作用將肉熟成，這方法就稱為乾式熟成。

總之，長期放置在保持固定溫度和濕度的環境當中，肉品的蛋白質會分解成胺基酸。隨著時間流逝，因為酵母或肉品的菌類的作用，肉品表面會長出黴菌，使胺基酸增加，產生熟成的香氣。

（1）保持低溫 —— 防止腐敗

壞菌在4℃以上會增生。這是食物中毒細菌會不斷增加的溫度範圍。

S Foods是將熟成庫的溫度設定在0℃到1℃。熟成庫設置在冷藏室中，周圍的環境也同樣地保持低溫，避免因為開關庫門而使熟成庫內的溫度上升。

溫度設定在0℃到1℃的範圍，雖然食物中毒細菌很難增加，但卻是熟成所需的低溫發酵菌，也就是黴菌酵母會增加的溫度範圍。

在餐廳裡，為了讓顧客看得到，多半會將熟成庫設置在走廊等處。

我們認為照明等光線並不會有太大的影響，最擔心的是溫度的管理。除了開關庫門時，走廊內的雜菌會進入庫內，附著在肉品上面之外，頻繁地開關庫門恐怕會使庫內的溫度上升，導致這些雜菌增生。因此，應該盡量減少開關庫門的次數。

即便將熟成庫的溫度設定在0℃，庫內也無法固定保持在0℃。開啟庫門時，溫度一定會上升。同樣的，即使是在庫內，溫度也會因為不同的場所而出現差異。因此，除了熟成庫原先配備的溫度計之外，必須在數個地方放置溫度計，經常注意溫度的變化。

（2）保持濕度
—— 適度地保持水分同時去除水分

在低溫低濕度之下放置一定期間之後，肉品會失去水分。熟成也有利用水分流失來濃縮鮮味的企圖。但是

完全失去水分的話會變得像牛肉乾一樣，同時也失去了鮮味，所以得要保持適切的濕度。

為了能在肉品內保留適度的水分同時使肉品熟成，就必須保持一定程度的濕度。保濕有兩種方法，一是調整從肉品產生的水分，另一種則是在庫內加濕。

雖然單純將肉品放置在乾燥的環境中就能濃縮鮮味，但是這麼做不會讓肉品變得柔軟。果然打造能適度去除水分的環境很重要。

（3）熟成期間 —— 熟成的進行程度

依照希望的肉品狀態，調整熟成期間的長短。牛隻屠宰之後蛋白質開始變質，到肉的溫度下降、解除僵硬狀態為止需要1週的時間，一般來說至少也要費時2週左右才能感覺肉品變得柔軟。

肉品熟成的過程，先是變得柔軟、鮮味增加，最後會帶有香氣。所以說，最起碼也得放置2週到20天，不然就失去熟成的意義了。

熟成庫內也會瀰漫熟成的香氣，香氣會附著在肉品上，並漸漸地滲入內部。因此，不想讓熟成的香氣太濃的話，就需要調整熟成期間的長短，譬如將熟成期間從30天縮短為20天之類的淺熟成。
之後再依照每個肉品的大小、部位、偏好去調整熟成期間。

（4）熟成的鑑定

首先是①觸感（因為熟成的作用，肉品會變得柔軟），接著是②黴菌生成的方式（最初是整體微微地變白，漸漸地長出毛茸茸的白色黴菌），然後是③脂肪性質的變化等，藉著這些項目來判斷。
根據希望有什麼樣的肉品，以熟成的進行狀況來判斷各種不同的最佳狀態。在歐洲等地則有被稱為熟成師的專家，由他們來判斷熟成的狀況。

那麼，要怎麼辨別是不是腐敗呢？最簡單易懂的就是肉品發出的臭味和表面的黏性。如果出現這些情形，就必須把這個肉品廢棄。

因為熟成是伴隨著菌類生成的現象，所以只是測定肉品的生菌數是無法判斷的。問題在於是否內含酵母等好菌，或是具有大腸桿菌和葡萄球菌等會引起食物中毒的壞菌。雖然不能說完全有效，但是定期檢測生菌數成為必要的工作。

（5）乾式熟成的注意要點

1 保持固定的環境

如同先前提過的，整頓熟成的環境，保持固定的環境條件。

2 不要在熟成庫中放入多種肉品

在食用肉業界，大致上不會把牛肉和豬肉放在一起保存或運輸。那是因為牛肉的細菌和豬肉的細菌並不相同，各種細菌混雜在一起，可能會對食用肉帶來不好的影響。

牛肉和豬肉的細菌種類不同，菌種繁殖的溫度範圍也不同，所以放入相同的熟成庫中並不是理想的環境。而且牛肉和豬肉各自特有的香氣也會互相影響混合。

但是，餐廳得考慮到菜單的構成，因此也有店家會將多種肉品放入同一個熟成庫中。我們雖然不推薦店家這樣做，但如果有這種情形，則會要求熟成庫保持在壞菌不能繁殖的0℃到1℃的低溫範圍，而且肉品一定要經過加熱調理。經過加熱也可以消滅大腸桿菌。

3 以大分切肉塊熟成

將屠體吊掛起來讓它熟成的話，細胞就不會受到損壞，因為幾乎不會流出滴液所以不會附著在肉的上面，通風變好，變得不容易發生腐敗。以屠體熟成的話，修整過後的損耗也變得很少，大約10％左右。

但是各個部位分別熟成的話，也具有縮短熟成期間的優點。因為比起大型的屠體，分切成小塊時，熟成漸漸進展到肉品內部所需要的時間比較短。

4 從一開始就進行乾式熟成嗎？

屠宰之後，必須先使肉的中心溫度確實下降，然後才進入乾式熟成。

牛的體溫在剛宰殺時是36～38℃，溫度相當地高，所以如果以中心溫熱的狀態放入熟成庫的話，也會對熟成中的其他肉品帶來不好的影響。

5 進口牛肉要選擇帶骨頭的

一般認為海外的牛肉過度乾淨。在當地以真空包裝之後冷凍，利用船運費時1個月送達的肉品，裡面的生菌數應該趨近於零吧。如果要將無菌狀態的牛肉

進行乾式熟成，就必須從菌類滋生的時候開始熟成。

可是從真空包裝袋中取出牛肉時，在氧化的同時就開始腐敗，所以不適合S Foods所執行的熟成方法。

如果要使用進口牛肉，最好是使用以帶骨的狀態，簡單裝袋之後利用空運送達的肉品。進口牛的特徵是，赤身肉的比例較和牛多，而且容易流出滴液。施以真空包裝所產生的壓力，會造成肉的細胞變形，讓滴液愈來愈容易流出，所以請盡可能選擇真空包裝以外的肉品。

建議使用帶骨的牛肉的原因是，在當地去除骨頭的時候會對肉品造成負擔，肉的纖維受損之後就會流出滴液。如果是帶骨的牛肉就能降低那樣的風險。

6 熟成的「為什麼？」

Q1：適合熟成的牛隻品種？ 部位？

黑毛和種、荷斯登種、褐毛和種、日本短角種等，日本國產牛有許多品種，適不適合熟成是食客個人喜好的問題，所以很難說。

當然，各個牛種還是以赤身肉多的部位比較適合熟成。S Foods是選用黑毛和種熟成，因為牛肉原本就具有鮮味，脂肪也帶有風味。

Q2：硬質的肉也會變得美味嗎？

赤身肉的鮮味會增加，變得柔軟，脂肪的部分也變得清爽順口，因此乾式熟成是能夠將沒有油花分布的部位或硬質的肉品變得美味，提升肉品價值的方法。

鮮味的成分增加，變得柔軟，脂肪變得容易入口，這些是熟成的特徵，不論是什麼樣的肉或多或少都會發生這類的變化。

S Foods挑選高品質的美味牛肉，並選用能讓它變得更加美味的方法。雖說進行熟成之後牛肉就會變得美味，但也不是只使用價格低廉的荷斯登經產牛，而是選擇符合顧客的喜好、價格條件的優質牛肉來熟成、販售。

Q3：熟成時排列肉品的方向為何？

將帶骨的肉品熟成時，要把堅硬的骨頭朝下，放置在層架上。因為骨頭很重，如果骨頭那一側朝上的話，會將重量施加在肉上，造成肉和脂肪之間產生縫隙，或是損壞肉的組織，變得很容易腐敗。

不在肉的上面施加重量，盡可能保持通風良好，將肉品排列在層架上熟成。

因為流出的滴液會成為腐敗源頭，所以不要讓滴液接觸到肉，要保持清潔。

Q4：熟成庫的大小為何？

熟成是在封閉的空間中進行。打開庫門時，庫內的空氣發生交換，在這之前已經存在的菌類會消失，熟成的環境變得不穩定。

如果庫門的尺寸相同，那麼比起小型熟成庫，大型熟

成庫受到庫門開關的影響會比較小。因此,若是考慮到溫度管理、穩定的菌類管理,大型的熟成庫應該比較好吧。

Q5:選擇熟成庫的重點為何?

庫內要能維持均一的環境是首要條件。

具體來說,風要均等地吹在肉品上,能夠調整從肉品釋出的濕度,溫度能夠穩定的熟成庫是最佳的環境。像這樣打造似乎能使菌類增加的空氣環境之後,牛肉本身帶有的菌類便會自然而然漸漸增多。

購入熟成庫的時候,關於符合該店規模和期望的層架數量、要吊掛的掛鉤空間等,請與廠商的負責人充分磋商。

庫內的風以緩緩地循環為大前提,所以假如層架是以緊貼著牆壁的形式設置的話,就必須採用一些方法,安裝讓風也能傳遞到層架後方的裝置。

總之,設法讓整個庫內保持均一的溫度範圍非常重要。庫門即使只開啟1次,對於環境多少都有某種程度的影響。開啟庫門的次數愈少愈理想。

Q6:噴上乳酸菌使肉品熟成的話會變成加工品嗎?

如果單就乳酸菌來說,它是肉品原本就有的菌類,所以不會變成加工品。但如果將乳酸菌塗抹在肉品上,因為乳酸發酵時會生成黴菌,這對肉品來說應該不太好吧。乳酸菌雖然是來自於肉品的菌類,但是過多的話就不好了。與其這麼做,不如沒有比較好。

如果是濕式熟成的話,一旦在真空包裝袋中加入很多乳酸菌,乳酸發酵之後就會發黴。

Q7:放入木板等會比較容易培養菌類嗎?

雖然有聽過一種說法是,放入木板或竹子可以培養乳酸菌,但那是為了增加菌類的其中一個做法。S Foods的做法是讓肉品本身成為菌床。由於熟成庫內放入大量的肉品,因而出現菌類增多並附著在新的肉品上面,然後菌類又再增殖的循環。

因此,熟成室的清掃要很用心。因為如果每天都把熟成室擦得光可鑑人的話,就會變得連重要的酵母菌都消失了。當然,滴液等有可能會流到地板上,所以必須保持清潔。

上:將已經熟成的屠體分解。
下:S Foods為了防止熟成庫內的溫度變化,所以將它設置在冷藏室當中。

S Foods的「超熟成」

將肉品靜置，讓它自然熟成是日本特有的方法，這和刻意打造熟成環境的美式乾式熟成是不一樣的。S Foods的構想則是介於兩者之間的做法。

S Foods所採用的加濕熟成是全新的做法。我們稱這個做法為「超熟成」。這個構想是巧妙地增加牛肉本身滋生的菌類，讓牛肉熟成。

我們將庫內溫度維持在0～1℃，濕度在85～95％，熟成時盡可能不讓水分從肉品中流失。因為讓肉品變乾的話，會失去能感受到鮮味的肉汁。

在這個溫度範圍食物中毒細菌不易增生，而低溫發酵菌，亦即有助於熟成的黴菌酵母會增殖。在這個室溫之下，將濕度提高到88％就會長出來自黴菌酵母的黴菌。換句話說，就是放在黴菌酵母容易生長的環境中讓肉品進行熟成。

這個時候的濕度不是相對濕度（環境下的濕度。肉品所具有的水分分量等），而是絕對濕度（加濕之後給予水分狀態的濕度），加濕之後，將濕度維持在88％，防止水分從肉品中喪失。如同女性為了讓肌膚維持潤澤而加濕一樣。

為了讓庫內的濕度從上到下變得均勻一致，加濕器設置在室內的上方。此外，因為想要防止肉品變乾，所以從冷藏庫吹出來的冷氣設計成不會直接吹在肉品上。

熟成是以屠體或各個部位的肉塊進行。因為屠體很龐大，所以為了要整體都均等地熟成，某種程度上也需要風。為此，我們設置了電扇，但這不是為了吹乾肉品，只是利用送風的方式使室內的環境保持穩定。

根據數據資料，比起普通的熟成肉，「超熟成」的肉品保水量很高，所以加熱後變得很容易流出肉汁。熟成肉多半以具有厚度的塊狀燒烤之後端上桌，希望大家能品嘗到充分咀嚼之後飽含肉汁的赤身肉美味。據說燒烤的時候，比普通的肉品不容易流出肉汁，也許是因為熟成之後胺基酸的結構很穩定，肉的組織產生變化，變成即使加熱之後也不易脫水收縮。

（1）溫度
溫度保持在0℃～1℃。將熟成庫設置在大型的冷藏室中，防止庫門開關的時候，熟成庫的溫度上升。當然仍會進出室內，所以不是毫無影響，但是設法盡可能減低影響的程度。

（2）濕度
將加濕器設置在室內的上方進行加濕，濕度保持在88％。為了在不失去含有肉品鮮味的水分的情況下進行熟成，所以採用積極加濕的方法。

（3）空氣的對流
為了維持熟成室的環境穩定，將電扇設置在加濕器對面的牆上，經常吹送微風。

（4）有助於熟成的菌類
利用牛肉自身具有的酵母菌讓牛肉熟成。這是會在低溫中發生作用的黴菌酵母菌。熟成庫內可以容納的屠體是60頭，經常放入滿滿的肉品來使酵母菌增殖。

（5）出貨
因為無法以附著黴菌或菌類的狀態販售，所以經過乾式熟成的肉品會修整之後以真空包裝出貨。

S Foods株式會社東京營業所
埼玉縣八潮市木曽根1144
Tel.　048-994-1129

第2章 餐廳的熟成方法

人們正重新認識肉料理的優點，其中乾式熟成是眾人注目的焦點。一般人所熟知的乾式熟成是從紐約的高級牛排館開始採用、為了把肉品變得更美味的技術。

近年來，除了日本的食用肉業界外，餐廳引進乾式熟成的技術來供應肉料理的事例也漸漸增多。但是，雖然都以乾式熟成一詞稱呼，其實它的做法涉及很多層面。

在本章中，採訪了實際採用「肉的熟成」的餐廳，介紹他們引進熟成的理由、肉品的選擇和發揮該肉品優點的熟成方法、活用熟成肉品的調理方法。

透過6家店各自的事例，將何謂肉的熟成，還有其實際狀況介紹給大家。

THE BEEF WONDERLAND
又三郎

目前飼育的牛隻頭數是2000頭。包括以富含胺基酸的美味赤身肉獲得好評的「土佐紅牛」，以及在日本東北地區費時34個月長期肥育而成的「黑毛和牛」。又三郎將這些牛肉慢慢花費6週以上的時間熟成，然後以搬到桌上使用的七輪炭火爐慢慢地燒烤完成。

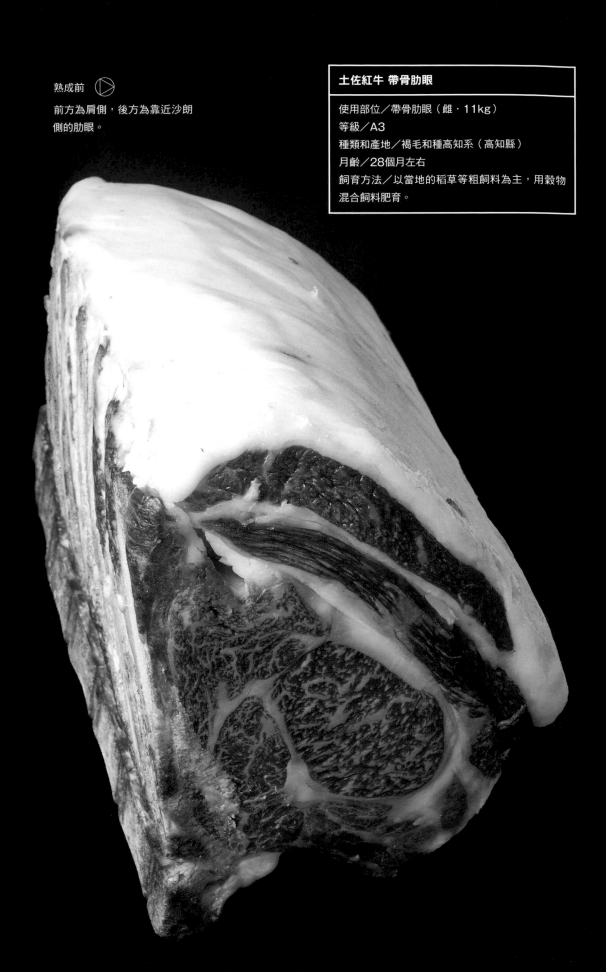

熟成前 ▷

前方為肩側，後方為靠近沙朗側的肋眼。

土佐紅牛 帶骨肋眼

使用部位／帶骨肋眼（雌・11kg）
等級／A3
種類和產地／褐毛和種高知系（高知縣）
月齡／28個月左右
飼育方法／以當地的稻草等粗飼料為主，用穀物混合飼料肥育。

熟成後　經過7週以上熟成之後的狀態。切面變得發黑，背帽肉的部分看起來好像有稍微收縮變得緊實。

運送方法／去骨後以肉品包裝袋包好，冷藏運送。從牛隻屠宰到送達，需要1週的時間。
批發商／東京、大阪和高知各1家。請業者一同前往產地，仔細了解又三郎要購買的肉品，然後送來符合要求的肉品，又三郎很重視與業者之間的關係。

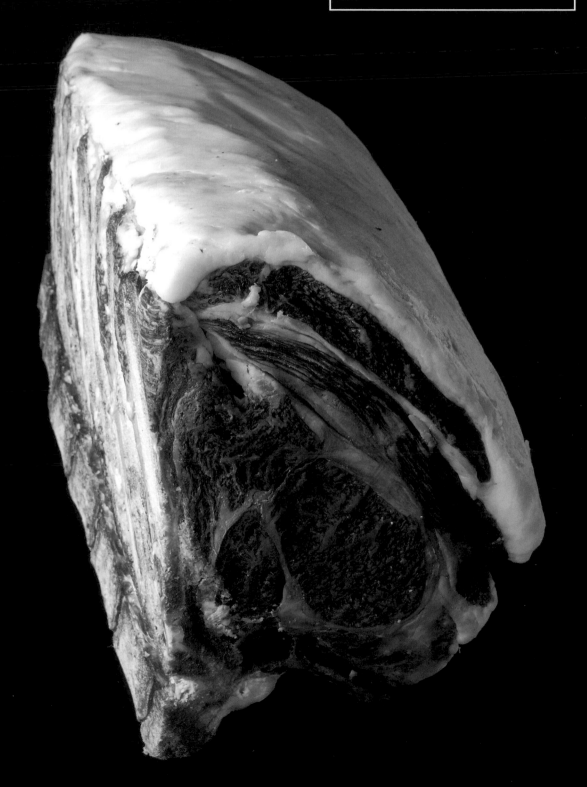

關於熟成

熟成的種類和期間

乾式熟成6～7週。最好吃的時候是在其後的1～2週左右。根據部位的不同而有差距。比較小的部位如菲力是從2週起,時間相當短。

熟成庫

設想為溫度2～3℃,濕度70%,保持空氣對流。熟成庫是向冷藏庫廠商特別訂製的。雖然熟成庫可以設定溫度,但是設定的溫度和實際的溫度經常會產生差距。溫度感測器的位置也會造成差距,所以一定要另外安裝溫度濕度計來管控。吹到風的場所,溫度也會不一樣,所以必須在好幾個地方設置溫度濕度計,直到掌握熟成庫的特性為止。

為什麼要進行熟成呢?

因為經營燒肉店15年了,和牛已經變成很熟悉的肉品。為了將這個最好的和牛變得更美味,所以引進了長期熟成這種方法。

最近,像熟成=赤身肉這種簡化的圖示是一部分原因。我感覺以往的確過於偏重美味的和牛=霜降肉這種概念。不過,和牛原本就是脂肪的融點低、赤身肉的肌理細緻的牛肉。

又三郎為了賦予在日本已經漸漸熟悉的和牛更複雜的味道,所以將和牛進行熟成。比起讓顧客吃下500 g的肉塊,我們的目標是100 g的肉也能讓客人十分滿足的熟成。

另外,關於熟成的香氣,我們認為那是來自於脂肪。不論是紅牛或黑牛,一旦經過熟成,脂肪的香氣就會變得非常好聞。雖然脂肪不可以有氧化的傾向,但是正確地讓肉熟成的話,就會變化成非常順口、美味的脂肪。

又三郎購買的一整頭牛,會用於燒肉和熟成肉這兩方面。因而即使是沒有經過長期熟成的燒肉用肉,也是選用吃起來很美味的牛肉。堅持選用雌牛,或是講究脂質,就是這個緣故。這種最好的牛的赤身肉部位,因熟成而帶有獨特的香氣、風味,為了讓客人享受到切成厚片燒烤過後,放入口中咀嚼時的口感和滿溢而出的肉汁,所以進行熟成。

藉由熟成而變得美味的牛

首先以「①肥育月齡的長短」為例。對於像紅牛這種飼育頭數很少的牛來說，這是不合理的條件，至於黑毛和牛這種肥育月齡短的牛，我們認為不適合熟成。

其次要說的是「②脂肪融點的高低」。肉的口感、入口即化的程度、香氣好不好聞，皆起因於此。還有「③赤身肉的肌理細緻度」也會影響口感，所以我們選擇雌牛。

熟成方法

如同有人說和牛是「乾掉的牛」，因為和牛原本就是水分含量很少的肉，所以如果像紐約式做法一樣，讓風直接吹在肉的表面，肉就會乾掉了。因此，為了避免強風直接吹到肉，要放入木板調整。此外，有時也會讓厚厚的脂肪幫忙防止肉變乾，通常會將脂肪那側朝上來進行熟成。

從2013年10月起，在添購新的熟成庫之後，我們就特別將「土佐紅牛用」和「黑毛和牛用」的熟成庫分開，開始驗證熟成香氣差異的試驗。現在庫內環境的設定與第1台熟成庫相同。因為以前將肉品放在同一個熟成庫內熟成，會擔心肉品產生不同的香氣之後，是否會互相影響混合。由於牛肉與豬肉、羊肉和鴨肉等的香氣各不相同，如果將其他的肉與牛肉一起熟成的話，牛肉的香氣很可能會沾附在這些肉品上面，因而在想「紅牛」和「黑毛和牛」之間是否也會發生這類相同的現象。我們以半年後為期限，預定設置「土佐紅牛」專用的熟成庫。

為了讓客人也看得見，我們將寫上熟成資料（牛種、部位、熟成開始日等）的牌子立在肉品前方，在客人觀看熟成過程的同時，引導客人入座。

熟成的鑑定

熟成的程度剛剛好時，會散發出好聞的熟成香氣。熟成狀態如果沒有實際烤來吃吃看的話無從得知，所以到了預先設定的熟成期間時，要先吃過才能判斷。

如果將吹不到風的肋骨痕跡部分，或是肉的凹陷處朝下進行熟成，會產生像是悶濕的臭味，請多加留意。

衛生方面

讓有益於肉的熟成的菌類活動，讓壞菌休眠，這樣的溫度管理很重要。因為滴液會產生臭味，所以要經常擦拭庫內，保持清潔很重要。庫內的環境以熟成庫內的香氣來判斷。

以前在考慮生食熟成肉的時期，我們花了1年左右的時間，為了調查庫內的狀態，每週執行細菌檢查（因為現在牛肉無法生食，所以沒有進行檢查了），檢查沙門氏菌、大腸桿菌、葡萄球菌、一般生菌的數量。

此外，為了盡量減少開關熟成庫的次數，將當天要使用的分量的肉移置廚房內的小型熟成庫中，設法適當地取出所需的分量。

廚房吧台內的小型熟成庫。將當天要使用的肉品移入此處管理。

製作料理時對於熟成肉的構想

將熟成肉的表面燒烤過後，立刻移離火源，以鋁箔紙包起來。這是為了使蓄積在表面的熱力傳導到肉的內部。這種烤法重複3次，慢慢喚醒熟成肉，最後將肉烤出看起來很美味的烤色，油脂滴落，冒出香氣。

肋眼是在肉和肉之間深夾著脂肪的部位。如果用大火去烤它，在熱力傳到裡面的脂肪之前，周圍就烤焦了，所以要注意火勢和燒烤的時間。但是，即使同樣是肋眼部位，靠近沙朗的那一側，裡面沒有夾著脂肪，油花的分布也不多，所以火勢可以調整得比較大一點。

土佐紅牛 帶骨肋眼
分切和修整

取下附著在肉塊上面的胸椎和肋骨，然後將肉分切成小塊。不要一次將整個
肉塊修整完畢，而是在每次分切成小塊之後視需要修整，盡量設法避免發生
損耗。

1 已經熟成7週的帶骨肋眼。以胸椎和肋骨附著在肉塊上的狀態進貨。

2 沿著胸椎將刀尖切入兩側，切離骨頭的周圍。因為會滑動，所以要一邊用廚房紙巾按住脂肪一邊下刀。

3 將刀子從2的切痕切入，切下骨頭，不要有肉附著在上面。

4 一直切到下方，切離骨頭的根部。

5 拿起骨頭，切離前端的肉。

6 切下骨頭的前端。

7 取下的骨頭。

8 第二根骨頭的兩側也用刀子切入。

9 改變肉品的方向，將脂肪側朝下，盡可能不要有肉附著在上面，切下骨頭。

10　刀子從骨頭的前端切入，切離骨頭。根部沒有切離也沒關係。

11　已經變色的切面修整之後去除，大致上切成略厚於4cm的厚度。一直切到貼近骨頭處。

12　改變肉品的方向，將肋骨側朝上。將刀子切入4cm厚的地方。

13　切開肋骨的下側。盡可能不要有肉附著在骨頭上面。

14　拿起肋骨，繼續切進去。

15　一直切到胸椎的根部為止，將肉切離骨頭。

16　只分切出所需分量的肋眼（照片左）。這塊重1.5kg。

17　骨頭如照片所示留在右側的肉塊那邊，分切下來。

18　切除因乾式熟成而已經變色的切面。

19　修除已經變色的部分，直到肉的顏色變成這個程度。

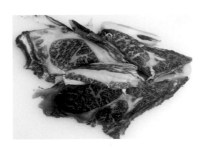

20　切下的肉。

21　切除脂肪，並且切除邊緣的薄肉。

22 如果有已經變色的部分殘留在裡面，先將它切下來。

23 脂肪要切除直到照片中的程度。表面的脂肪廢棄不用。內側的脂肪可以用來製作碎肉末。

24 右上方是修整過後的肉。依順時針方向來看，分別是切除的表面脂肪（廢棄）、切面已經變黑的肉（高湯用）、塊狀脂肪（碎肉末）。

25 修整過後的肉。這塊肉變成870g。這時候，價格以從這塊肉扣除脂肪分量之後的700g計算。

26 切成所需要的分量。1塊為380g。其中脂肪的分量相當於70g。扣除這個重量之後計算價格。

又三郎的牛肉

又三郎買進「土佐紅牛」是依照部位，「黑毛和牛」則是買下1整頭，然後分別作為熟成用和燒肉用。

以赤身肉的美味程度受到高度評價，代表日本高知縣的褐毛和種「土佐紅牛」。因為原本是在田裡耕作的牛，所以腰腿結實，在坡地等山路上移動也不以為苦，是常吃短短的結縷草等的牛種。在產地還可以看到親子牛隻在坡地或草坪上放牧的景象。現在的飼育頭數僅有2000頭（2013年）。這是每年只出貨600頭的珍貴品種。

因為熟成，土佐紅牛的赤身肉口感變好，產生充滿田園風味的香氣。這個與黑毛和牛的香氣有點不同。
多數知名品牌的黑毛和牛以霜降肉（油花）為訴求，而土佐紅牛以濃醇有鮮味的美味赤身肉，成為評價很高的牛。

另一方面，又三郎的另一項主力商品「黑毛和牛」，以岩手縣產、宮城縣產、山形縣產為主。大多數日本東北的生產者對於飼養牛隻很講究，長期肥育達30～34個月。經過長期肥育的牛肉，味道格外不同。我們除了前往產地之外，還會根據生產者和飼育的環境來判斷，然後才採購。黑毛和牛因為原本就是食用肉的緣故，經過多次品種改良而成，以馬來比喻的話就像是純種馬一樣的牛種，所以味道非常好，纖細的滋味是其獨特之處。

「紅牛」的田園風味，「黑毛」的纖細度。像這樣因為不同的牛種，肉質也會產生差異，所以熟成後當然會產生不同的味道。希望大家一定要嘗嘗這些不同的味道。

熟成用和燒肉用

在又三郎，菜單有「炭火燒烤熟成肉」和「燒肉」。熟成方面使用的是「紅牛」、「黑毛和牛」，燒肉方面主要是使用「黑毛和牛」。
即使是作為燒肉用（沒有熟成）的肉，也是買下1整頭美味的牛，然後分別使用合適的部位。

熟成使用腿肉、肩肉等赤身肉比較多的部位，燒肉則是使用脂肪多的肩里肌、胸腹肉等部位。依照不同的用途，區分使用的部位，這樣就能順利運作。

熟成肉只有使用胡椒鹽這類簡單的調味，希望客人享受到熟成香氣和富含鮮味的肉汁，而燒肉是醬汁的味道和脂肪的甜味感覺較濃烈的料理，所以適合採用有油花分布的肉。

燒烤

以燒旺炭火的七輪炭火爐烤過肉的表面之後,將肉移離爐火,以鋁箔紙將肉包起來,讓表面的熱力傳入肉的裡面。反覆進行這個作業3次之後完成燒烤。

第1次的燒烤,感覺像是讓肉的中心也確實恢復常溫。如果這次燒烤順利的話,就會變成讓肉的中心維持低溫的狀態,接著燒烤第2次、第3次,讓熱力傳入距離肉的表面數mm的部分,烤出像半敲燒一樣的料理。理想的狀態是只有肉的表面烤得香噴噴的,內側則加熱到半熟。

分成3次是為了避免肉的蛋白質的立體構造因為加熱而變性,中途一邊靜置一邊燒烤。

七輪炭火爐和熱源
放入燒得火紅的土佐備長炭之後,再擺放烤網。讓烤網的中央變形成像小型高山一樣的形狀。這樣設置的話就能放入大塊的木炭,而且可以配置出遠火的部分。上方設置了排煙裝置。聚光燈也照亮手邊,可以清楚看見從肉和肉之間冒起的白煙,視覺效果很棒。此外,反覆進行一邊靜置一邊細心燒烤的作業,藉此增添附加價值。

1 撒多一點鹽,黑胡椒只研磨少量,以免破壞熟成的香氣。

2 將肉擺放在已經充分烤過的烤網高起的部分。

3 冒出白煙,淺淺地烤上色之後翻面。

4 從兩側一點一點均等地燒烤。前後位置交換,均等地燒烤。為了讓顧客嘗到不同的口感,不烤側面。

5 燒烤大約3分鐘之後,暫時移離火源。第1次燒烤是讓肉恢復常溫般的感覺。

6 將肉包入鋁箔紙中,就這樣靜置在盤子上3分鐘。讓蓄積在表面的熱力傳導到肉的裡面。

7 從鋁箔紙中取出,再次以炭火燒烤。

8 翻面幾次,同時從兩側均等地燒烤。時間為3~4分鐘。

9 再次包入鋁箔紙中,靜置3~4分鐘。

10 最後烤出看起來很美味的烤色(這是因熟成而增加的胺基酸產生的梅納反應)。肉本身變熱之後,即使是相同的火勢,熱力的傳導也會變得比較快。

11 當側面鬆軟地膨脹起來時,就是烤好的時候。藉由以烤肉夾夾住肉時的彈性等來判斷。

12 烤出看起來很美味的烤色之後,移離爐火,為了不讓肉變冷,以鋁箔紙輕輕包起來,靜置一下。分切之後,以看得見切面的方式擺盤。

土佐紅牛 肋眼牛排

將七輪炭火爐搬到客席上，一邊緩緩靜置一邊燒烤完
成。烤好之後送回廚房，盛盤之後端上桌。

炭火燒烤肋眼牛排（→29頁）

配菜

淺漬蕪菁　1片
番茄（厚片）　1/2片
紫地瓜（蒸熟後切成厚片）　1片
青花菜（水煮）　1朵
丹波黑豆的毛豆（水煮）　適量

佐料

鹽之花　適量
芥末烤肉醬　適量

肉派

絲毫不浪費地使用熟成肉的頸肉、腱肉和脂肪等製作而成的肉派。將手工剁的肉末和以絞肉機絞出的肉末混合在一起，賦予口感的差異。這是套餐當中的一道料理，也提供外帶及郵購的服務。

內餡（25個份）
- 熟成肉＊（1cm小丁） 400g
- 黑毛和牛腱肉＊＊
  （5mm口徑） 1kg
- 水煮蛋（切成粗末） 8個
- 乾燥麵包粉 80g
- 蛋 4個
- 洋蔥（切小丁） 1個
- 香菇（切小丁） 2朵
- 無鹽奶油 適量
- 鹽 24g
- 黑胡椒 適量

薄葉派皮 9張（27個份）
派皮（酥脆塔皮） 適量
上光用的蛋液 適量

烤肉醬、細葉香芹 各適量

＊利用黑毛和牛的頸肉、腱肉、脂肪等，手工大略切碎備用。
＊＊以口徑5mm的絞肉機製作成絞肉。

1 製作內餡。以奶油炒洋蔥和香菇，放涼備用。將乾燥麵包粉和蛋混合均勻。

2 將內餡的材料全部加在一起，攪拌均勻。以1個80g的分量揉圓，用切成3等分的薄葉派皮包起來，冷凍備用。

3 派皮擀成2～3mm的厚度，以直徑8cm和12cm的圈形模具壓出圓形。

4 將已經冷凍的**2**的內餡直接擺在小的派皮上面，再以大的派皮覆蓋後，包裹起來。將剩餘的派皮切成細長條，貼在上面作為裝飾。塗抹上光用的蛋液。

5 放入預熱至220℃的烤箱烘烤30分鐘。

6 附上烤肉醬和細葉香芹。

肝醬

利用熟成肉的邊緣和脂肪製作而成的肝醬。附上配色漂亮的醃漬小菜。

填料（法式肉凍模具1條份）
- 熟成肉＊（1cm小丁） 400g
- 熟成肉的脂肪 250g
- 豬肩里肌肉 300g
- 雞肝 200g
- 荷蘭芹（碎末） 適量
- 蛋 2個
- 洋蔥（碎末） 1/2個
- 無鹽奶油 適量
- 鹽 14.5g
- 醃泡汁＊＊ 適量
- 眾香子、肉桂、肉豆蔻 各適量
- 開心果（滾水去皮） 30g

網油 適量
百里香、月桂葉 各適量
胡椒 適量

配菜
醃漬小菜＊＊＊ 適量

＊利用黑毛和牛的頸肉、腱肉等，切成1cm小丁備用。
＊＊將紅寶石波特酒、白蘭地、馬德拉酒各取同量混合在一起。
＊＊＊將生的小黃瓜、甜椒、蘿蔔、花椰菜切成容易入口的大小。茗荷、蓮藕、胡蘿蔔以滾水稍微汆燙。將水、鹽、砂糖加進醋裡煮滾，加入百里香、月桂葉、大蒜、黑胡椒之後關火，放涼，製作醃漬液。放入分切好的蔬菜醃漬。靜置一晚之後，從第二天起開始使用。

1　將熟成肉的脂肪、豬肩里肌肉、雞肝以口徑5mm的絞肉機絞碎。

2　將**1**移入缽盆中，淋入適量的醃泡汁，放置1小時使之入味。

3　將洋蔥以奶油炒軟，不要炒到變色，放涼備用。

4　在**2**當中加入蛋、荷蘭芹、**3**的洋蔥、鹽、香料類、開心果，攪拌均勻。

5　最後加入切成小丁的熟成肉攪拌，放在冷藏室1天使之入味，製作成填料。

6　將鋁箔紙鋪在法式肉凍模具中，上面再鋪上切得比較大的網油（可以包覆到上面為止）。

7　將填料填入模具中，以網油包住，再將百里香和月桂葉貼在上面。

8　蓋上蓋子，放進裝滿熱水的長方形淺盆之後，再放入150～160℃的烤箱烘烤1小時20分鐘。

9　卸下蓋子，放涼之後在上方放置重石加壓。在冷藏室中靜置3天之後開始使用。

10　分切之後盛盤，附上醃漬小菜，撒上研磨胡椒。

時蔬切塊沙拉

直接利用切成大塊的新鮮蔬菜的美味，為了可以讓肉吃起來很清爽，沙拉所使用的醬汁中沒有加入油。

　　小黃瓜
　　蕪菁
　　水茄子
　　小番茄、水果番茄
　　比利時苦苣
　　蘑菇　以上各適量

醬汁
- 檸檬汁　30g
- 甜辣醬　30g
- 生薑（碎末）　10g
- 香菜（碎末）　3根份
- 醬油　少量
- 白酒醋　少量

香菜（碎末）　適量

1　蔬菜切成容易入口的一口大小。
2　將醬汁的材料全部加在一起攪拌。
3　以醬汁調拌蔬菜之後盛盤，撒上香菜。

韓式番茄冷盤

只有在也供應燒肉的又三郎才吃得到的韓式番茄冷盤。豪爽地使用整個番茄製作而成的人氣沙拉。

　　番茄　大1個

韓式沙拉醬汁
- 芝麻油　200cc
- 砂糖　65g
- 薄口醬油　45g
- 米醋　45g
- 鹽　20g
- 炒白芝麻　15g
- 大蒜（磨成泥）　10g
- 生薑（磨成泥）　10g

奴蔥（蔥花）　適量

1　番茄以滾水汆燙之後去皮，分切成6等分的瓣形。
2　製作韓式沙拉醬汁。以果汁機將炒白芝麻攪打至半碎狀態，再將其他的材料全部放入果汁機中攪拌，冰涼備用。
3　將番茄盛盤，淋上適量的韓式沙拉醬汁，上面擺放滿滿的奴蔥。

蘿蔔沙拉
附戈貢佐拉乳酪

將蘿蔔和葉菜類蔬菜高高疊起好幾層,盛盤方式很有趣的沙拉。淋上具有檸檬香氣、很清爽的沙拉醬汁。

蘿蔔(圓形薄片) 7片
白色西洋芹 適量
沙拉水菜 適量

檸檬沙拉醬汁
- 檸檬 1個
- 蜂蜜 80g
- 橄欖油 70g
- 沙拉油 150g
- 白酒醋 50g
- 鹽 適量

戈貢佐拉乳酪(切丁) 適量
核桃(烘烤過) 適量

1 蘿蔔泡入冷水中備用。白色西洋芹和水菜皆切成5cm長之後混合,泡入冷水中。兩者一起瀝乾水分備用。

2 製作檸檬沙拉醬汁。先將檸檬果皮的表面磨碎之後,以搾汁器將檸檬擠出檸檬汁。將果皮和檸檬汁混合在一起。

3 將其他的材料加進**2**,攪拌均勻。

4 將白色西洋芹和水菜平坦地盛裝在平盤裡,上面擺放直徑大的蘿蔔。

5 依照順序將白色西洋芹和水菜、圓形蘿蔔薄片重疊許多層。蘿蔔的直徑要漸漸變小。

6 淋上檸檬沙拉醬汁,再撒上戈貢佐拉乳酪、用手剁碎的核桃。

THE BEEF WONDERLAND
又三郎

〒 558-0003
大阪市住吉區長居 2-13-13
長居公園飯店 1F
Tel. 06-6693-8534
公休日　週四
營業時間　11:30 ～ 14:00（L.O. 13:00）
　　　　　17:30 ～ 23:00（L.O. 22:30）

「又三郎」位於大阪市住吉區，1989年以高級燒肉店之姿開業。店主荒井世津子女士開始製作「熟成肉」的契機，緣自於2005年時她前往美國紐約的一場外食研修旅行。她在當時造訪的高級牛排館品嘗經過乾式熟成的牛排，並發現了以往相當熟悉的黑毛和牛所沒有的味道。她確實感受到這道乾式熟成牛肉所下的工夫，決定要引進這項技術之後，為了測定差異化，不斷地試做再試做，努力達到商品化的程度。

「又三郎」並不是為了把便宜的肉品做得美味，而是「為了把好的肉品變得更好」，所以引進熟成這項技術。除了一直用於燒肉的黑毛和牛之外，還選用以熟成發揮實力的高知縣產的褐毛和種「土佐紅牛」，孕育出又三郎的熟成肉招牌商品。

2011年遷移至長居車站前的長居公園飯店內，掛上「THE BEEF WONDERLAND」的招牌，開設新店鋪。將內部座位擴充到42席。

調理及上菜的方法也是獨創的。把炭火燒得通紅的七輪炭火爐搬到客席，在此處重複進行「燒烤之後靜置」的作業，花工夫和時間烤好牛肉，此種方式要有不受限於燒肉店的創意和排煙設備才可能實現。因此，雖然要花一段時間才能盛盤上桌，但是如果看到面前為了自己花工夫和時間正在燒烤的肉，客人似乎就不介意等待的時間了。

現在已經不只關西地區，也有不少為了「又三郎」的熟成肉專程從海外來訪的顧客。最近，熟成肉的銷售遠勝過開店當初的主打料理燒肉，整體營業額也隨之提升了。

為了外帶所準備的熟成肉製作的肉派、漢堡排三明治和牛排三明治也很受歡迎。此外，來自法人合購的便當訂單也愈來愈多。

菜單

[套餐]
樂享熟成肉套餐（2人起） 6500日圓
試味套餐（2人起） 4500日圓
品嘗熟成肉和燒肉的套餐（2人起） 5800日圓

[熟成肉單品]
土佐紅牛 熟成期間6〜8週
肋眼牛排 150g 4500日圓／100g 3000日圓
黑毛和牛特選腿肉 熟成期間4〜6週
（赤身肉）腰臀肉・內腿肉・前腿腱・辣椒肉
　150g 4000日圓／100g 2700日圓
（從赤身肉到霜降肉）腰臀肉・內腿肉・臀骨肉・三角肩肉
　150g 4000日圓／100g 2700日圓
（霜降肉）臀骨肉・內腿肉 150g 4000日圓／100g
　2700日圓
（霜降肉）板腱肉 150g 4500日圓／100g 3000日圓
　菲力牛排（熟成期間2〜3週） 150g 4000日圓
　帶骨肋眼牛排（熟成期間6〜8週） 150g 4500日圓
　熟成前胸肉（熟成期間4〜5週） 100g 2100日圓

[沙拉]
精製義式番茄莫扎瑞拉乳酪沙拉 750日圓
韓式番茄冷盤 600日圓
8種醃漬蔬菜 450日圓
時蔬切塊沙拉 840日圓
彩蔬佐香蒜鰻魚熱沾醬 750日圓
蘿蔔沙拉 附戈貢佐拉乳酪 750日圓
山藥・白菜・菠菜和風沙拉 680日圓
其他

[甜點]
白玉紅豆湯 600日圓
巧克力聖代 900日圓
金鳳梨加泰隆尼亞焦糖布丁 700日圓
烤香蕉佐香草冰淇淋 650日圓
各種裝飾蛋糕 1整個2000日圓〜
其他

店鋪平面圖

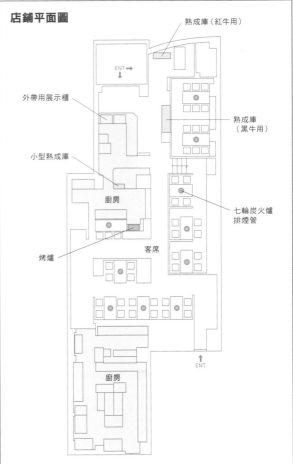

左頁下：因為天花板很高，為了避免冷清的感覺，所以在夾層設置閣樓形式的客席。
左上：開放式廚房和吧台座位。這裡以貼了白瓷磚的桌子和白色的座位營造明朗的氣氛。
下：為土佐紅牛所準備的熟成庫，設置在入口的左手邊。

La Boucherie du Buppa
CUISINE DE CHARBON

店家一整年採購了許多的野味、牛肉和豬肉的屠體。每個顧客進門時,都會被設置在入口正對面的熟成庫中等待熟成的這些肉品吸引住目光。顧客為了「吃肉」而到訪的這家餐廳,店內籠罩在以炭火燒烤出來的肉香和眾多顧客的熱情中。

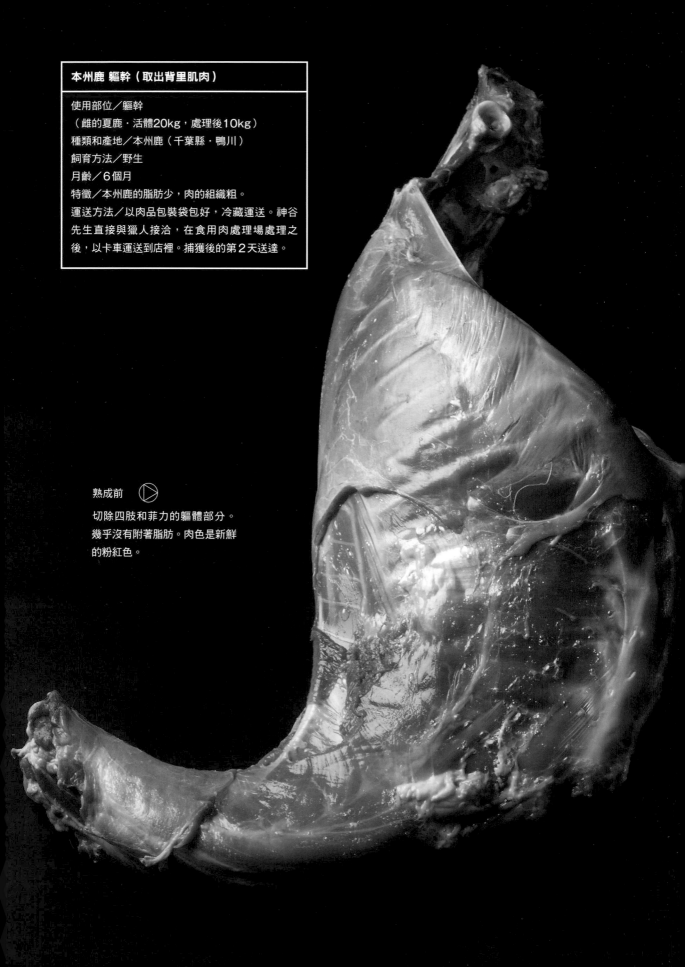

本州鹿 軀幹（取出背里肌肉）

使用部位／軀幹
（雌的夏鹿・活體20kg，處理後10kg）
種類和產地／本州鹿（千葉縣・鴨川）
飼育方法／野生
月齡／6個月
特徵／本州鹿的脂肪少，肉的組織粗。
運送方法／以肉品包裝袋包好，冷藏運送。神谷
先生直接與獵人接洽，在食用肉處理場處理之
後，以卡車運送到店裡。捕獲後的第2天送達。

熟成前

切除四肢和菲力的軀體部分。
幾乎沒有附著脂肪。肉色是新鮮
的粉紅色。

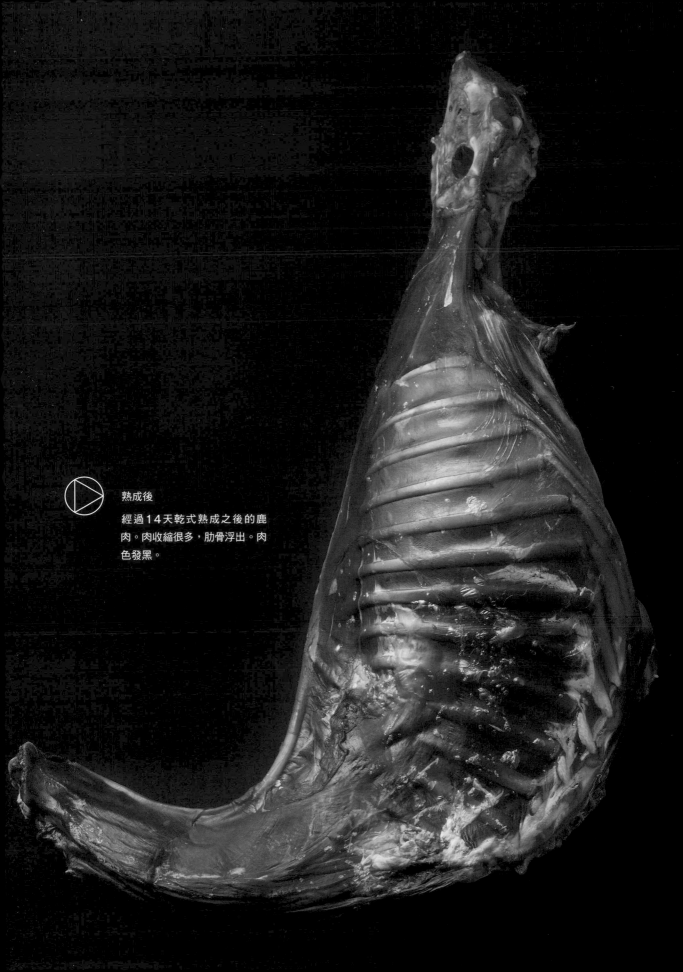

熟成後

經過14天乾式熟成之後的鹿肉。肉收縮很多，肋骨浮出。肉色發黑。

關於熟成

熟成的種類和期間

鹿肉要乾式熟成14天。

至於其他的肉品，在屠宰之後，如果是1根牛腿肉大約50天，帶骨沙朗大約30天，如果是豬肉（屠體）大約40天。鴨肉以14天，雉雞肉大約30天為準（兩者都已經清除腸子、拔除羽毛）。

此外，熟成期間會根據肉的血液量或纖維的密度予以更細膩的調整。還有像熊肉這類纖維較粗的肉，發酵時容易發熱，所以要一直放在0℃的環境中熟成。如果是脂肪很多的肉品，就要在濕度0％的環境中熟成，使脂肪的水分蒸發，必須進行這類細膩的調整。

熟成庫

熟成庫是特別訂製的，以4扇門分成4間，每1間都能調整溫度和濕度。當初是委託倉庫公司製作的。

熟成方法

不論是什麼肉，首先都要放在0℃的熟成庫中，讓接近肉表面的水分蒸發。之後，在配合季節或肉質的溫度、濕度的條件下，設定適切的熟成期間。最初的3天是溫度0℃、濕度0％。然後調升為溫度1℃、濕度40～50％。最後2～3天濕度調升成60％，就結束熟成了。此外，關於濕度，有時候在戶外空氣的濕度很高的夏季會調整成22～37％，在濕度低的冬季會調整成60％。

熟成庫內的上方以吊鉤吊掛屠體或大型的肉品，中層到下層則是將分切成各個部位的肉品放置在木板上熟成。這個做法，與其說是要利用木頭產生的有益菌，倒不如說是為了用木板吸收肉品流出的滴液。放在層架上的時候，脂肪側要朝著下方。

為了使熟成均等地進行，隔幾天就找個恰當的時機，更換肉品的前後位置。

熟成的鑑定

首先，根據氣味來判斷。肉品一旦變成適切的熟成狀態，就會產生很好聞的熟成香氣。

而且，雖然已經熟成的肉表面變得乾燥，卻還是保有以手指按壓時會稍微反彈回來的彈性。根據這個彈性來判斷。如果是這個大小（以處理過後的狀態來說是10kg）的鹿肉，14天內會有100g的水分消失。

衛生方面

1年1次由檢查機構來檢測壞菌的數量和胺基酸量。

製作料理時對於熟成肉的構想

為了讓肉料理可以不用搭配濃郁的醬汁，所以使用不太會使肉發出強烈異味的方式進行熟成。

如果是野味，水分的分量以接近完全熟成比較理想。留下適當的水分的話，可以讓客人感受到新鮮感，比較容易入口。吃下肉的時候如何賦予好的口感，成為熟成的重點。

在燒烤的時候使用炭火，將因為熟成而緊縮起來的肉的纖維，利用炭火加熱，以像從內側漸漸鬆開一樣的感覺燒烤。達到理想的八成就停止加熱，端送到客席，讓客人享用時能一直保持最佳的狀態。

本州鹿

分解

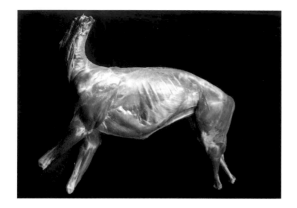

6個月大的雌鹿。
活體是**20kg**，清除內臟、剝除外皮，切除頭部之後如照片所示的狀態是**10kg**。最美味的時候是夏季。

取下腿部

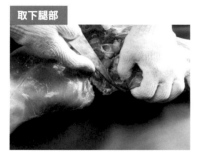

1 以削肉刀切開腿的根部。

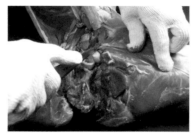

2 切開腿和腰的根部的關節。

3 沿著臀部圓圓的骨盆削開肉，取下腿部。

4 取下的腿部。

取下菲力和肩肉

5 在取下腿部的那一側，切下附著在肋骨內側的菲力。

6 從腿的根部以削肉刀一邊切開筋膜一邊取下菲力。

7 一邊用手拿起來，一邊取下菲力。

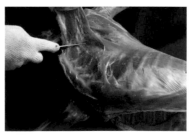

8 拿起肩肉，沿著肋骨切開筋膜，將肩肉切下來。

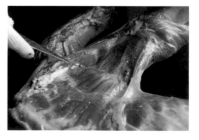

9 切開到這個狀態為止。

10 設法不要有肉殘留，切下肩肉。

11 將削肉刀沿著骨盆的圓形切入，把腿部切下來。

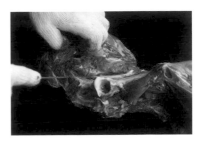

12 一直切下去，取下腿部。

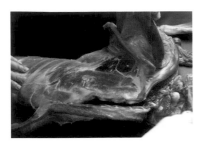

13 將肩肉切下來。拿起肩肉。

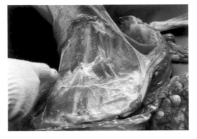

14 沿著肋骨切開筋膜，取下肩肉。

15 從腿的根部，將菲力切下來。

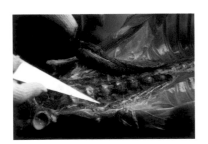

16 取下菲力之後的樣子。

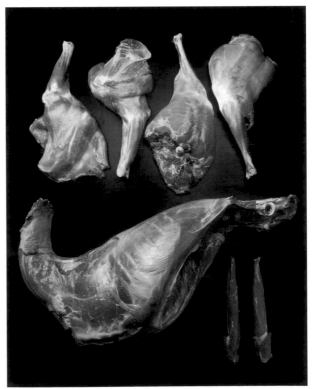

17 分解之後的鹿肉。上方由左起為肩肉2根、腿肉2根。下方由左起為軀幹、菲力2條。將這些肉進行乾式熟成14天。

分切　已經完成乾式熟成的鹿的軀幹取出背里肌肉。

1　將頸部擺在左側，以背部朝上的感覺立起來，將削肉刀的刀尖插入靠近頸部下方、背骨前面這一側。

2　將刀子切入背骨和硬筋之間，一直切到骨盆為止。

3　以反覆將刀子切入的方式，把肉切開到碰觸肋骨為止。漸漸看得見骨頭。

4　一邊以刀子的刀尖刮掉深入背骨中的肉，一邊切開，將背里肌肉切下來。

5　要切到骨盆之前。

6　切下來的背里肌肉（前方）。沒有腥臊味。另一側也以相同的手法切下來。1頭可以取出2條背里肌肉。

修整

1　將刀子切入硬筋和肉之間，切除硬筋。

2　將表面朝下放置，切下已經變乾的部分。變乾的部分以絞肉機絞碎之後，用來製作其他的料理。

3　切下邊角，修整形狀。

4　再切成一半（70～80g）。

燒烤

除了經過熟成而失去水分外，又因為這裡所使用的是生長在本州的鹿肉，脂肪少，且纖維粗糙又脆弱，如果以300℃左右的大火燒烤的話，會對肉施予壓力，最後變成燒傷的狀態。開始燒烤的時候要用小火。

與之相較之下，進口鹿肉的纖維密集而緊實，所以即使以大火開始燒烤，也不會像日本的國產鹿肉一樣受到壓力，這就是兩者之間的差異。

烤爐和熱源
將黑炭、木炭、備長炭混合在一起使用。

燒烤

1 先將背里肌肉恢復常溫備用。塗抹花生油增添香氣，再撒上鹽、黑胡椒。

2 剛開始為了不讓肉受到壓力，以低溫開始燒烤。

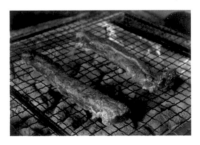

3 翻面，燒烤兩面。翻面好幾次，從兩側一點一點均等地加熱。

4 以鋁箔紙製作支撐物，兩邊的側面也要燒烤。肉的纖維從內側漸漸鬆開來。

5 纖維漸漸鬆開三成左右之後，暫時將肉移到附有網架的長方形淺盆中，從上方覆蓋鋁箔紙，靜置在爐子的溫暖處，靜置時間只需與燒烤時間相同即可。

6 最後再次以火加熱，去除浮出來的油脂，並增添香氣。

7 以切斷纖維的方式切成一半的切面。

鹿背里肌
佐澱上白酒醬汁

使用小鹿肉。柔嫩的背里肌肉沒有腥臊味,容易入口。添
加使用鹿高湯製作而成的澱上(泡渣)白酒醬汁。

炭火燒烤鹿背里肌肉

鹿背里肌肉　1條（140～160g）
花生油　適量
鹽、胡椒　各適量
鹽之花　適量

1 以炭火燒烤鹿背里肌肉之後切對半（→47頁）。
2 將澱上白酒醬汁倒入盤中，再盛入背里肌肉。
3 將作為配菜的蔬菜和蕈菇一起盛入盤中。

澱上白酒醬汁

澱上葡萄酒　1.8公升
鹿高湯　2公升
粗磨黑胡椒　3g
無鹽奶油（乳化用·1cm小丁）　1人份30g

1 澱上葡萄酒以大火熬煮至出現光澤。
2 加入鹿高湯，煮滾之後撈除浮沫轉為小火，以黑胡椒調味，然後以錐形過濾器過濾。
3 上菜時，將**2**取出150cc加熱，加入冰冷的奶油30g，搖晃鍋子讓奶油溶化，增添光澤和濃度。

鹿高湯

完成品2公升份
鹿骨　4～5kg
洋蔥（3cm小丁）　3個
胡蘿蔔（3cm小丁）　2根
西洋芹（3cm小丁）　2根
大蒜（橫切成一半）　1株
紅酒　1.2公升
水　20公升
黑胡椒粒　10顆
月桂葉　2片

1 將鹿骨放入180℃的烤箱烤45分鐘，烘烤至全體變成黃褐色為止。
2 將**1**的骨頭、紅酒倒入圓筒狀高湯鍋中，以大火加熱，熬煮至湯汁收乾到剩1/3量。
3 倒入水，煮滾之後撈除浮沫，加入蔬菜、黑胡椒粒、月桂葉，以小火熬煮8小時。
4 以錐形過濾器過濾之後放涼，放入冷藏庫保存。

配菜

秀珍菇、紅蔥頭、紫色胡蘿蔔、櫻桃蘿蔔、
茄子（Fairy Tale）、蓮藕、
紫色馬鈴薯（Shadow Queen）　以上各適量
橄欖油、鹽　各適量

1 將蔬菜適當地分切，塗抹橄欖油之後以烤爐烤出香氣，撒上鹽。

香辛佐料
蔬菜丁醬汁

洋蔥（3cm小丁）　1個
紅·黃·青椒（3cm小丁）　各1個
小黃瓜（3cm小丁）　200g
番茄（3cm小丁）　3個
酸黃瓜　90g
酸豆（小粒）　90g
西洋芹（碎末）　50g
龍蒿（碎末）　5g
芥末粒醬　60g
鹽、白胡椒　各適量
紅酒醋　50cc
橄欖油　200cc

1 將全部的材料混合。

京都赤七味鹽

給宏德粗鹽　適量
赤七味　適量
日本酒　適量

1 將粗鹽平鋪在盤子裡，輕輕地灑上日本酒。
2 以微波爐加熱1分30秒，讓水分蒸發。在常溫下放涼直到餘溫散去。
3 放涼之後加入赤七味混合。

夏蜜柑的芥末水果

細砂糖　300g
水　200cc
夏蜜柑（分瓣）　600g
粗磨胡椒　適量

1 細砂糖和水加在一起煮滾。
2 此時加入去皮後取下薄膜的夏蜜柑。仔細地撈除浮沫。
3 以大火收乾，直到變得濃稠。變得濃稠之後以冰水冷卻。
4 放涼之後，加入粗磨胡椒就完成了。

炭火燒烤Burguad家 雜交鴨胸肉
附鴨腿肉迷你可樂餅
佐薩米斯糊和酸櫻桃泥

以濕式熟成5天之後，再經過乾式熟成2週的鴨肉製作的炭火燒肉。為了能在夏天品嘗鴨肉，不使用濃厚的醬汁，而是將內臟做成糊狀，製作出輕盈的風味。使用旋風烤箱，以58℃的低溫蒸氣加熱15分鐘，在肉的纖維張開之後放在急速冷凍櫃中冷卻備用，要上菜時以炭火燒烤。

炭火燒烤雜交鴨胸肉

雜交鴨胸肉　1片
鹽之花　適量

1　雜交鴨以真空包裝機包好。將真空包裝袋放在附有網架的長方形淺盆中，以58℃的蒸氣旋風烤箱的水蒸氣模式加熱15分鐘。
2　放涼之後，將鴨胸肉從淺盆中取出，從鴨皮那側開始以炭火燒烤。連同幼韭蔥和烤飯糰一起烤。
3　將迷你可樂餅、烤飯糰盛盤，添上幼韭蔥和西洋菜。
4　前方是將分切之後的鴨肉切面朝上盛放，再撒上鹽之花。
5　附上薩米斯糊和櫻桃泥。

薩米斯糊

鴨肝（已清理乾淨）　400g
無鹽奶油　50g
肥肝凍　50g
鹿血　50cc
鹽　8g
白胡椒　2g
紅寶石波特酒　30cc
干邑白蘭地　20cc
蛋　1個
鮮奶油　100cc

1　將材料全部加在一起以果汁機攪打之後，以錐形過濾器過濾。
2　將過濾之後的材料倒入法式肉凍的模具中，蓋上蓋子，以蒸鍋蒸大約20分鐘。

酸櫻桃泥

酸櫻桃　適量
檸檬汁　適量

1　將酸櫻桃放入果汁機中攪打，用濾篩濾細後加入檸檬汁混合。

配菜

幼韭蔥　1根
西洋菜　1根

鴨腿肉迷你可樂餅

A 雜交鴨腿肉（已清理乾淨）　500g
├ 豬背脂　50g
└ 肥肝　50g
B 馬德拉酒　20cc
├ 紅寶石波特酒　20cc
├ 鹽　8.5g
├ 黑胡椒　2g
└ 四香粉　1.5g
C 洋蔥　100g
├ 蛋黃　1個
└ 橄欖油　適量
低筋麵粉、蛋液、麵包粉、沙拉油　各適量

黑米烤飯糰

白米　600cc
黑米　200cc
雞高湯　960cc
鹽、白胡椒　各適量

1　製作迷你可樂餅。以橄欖油將C的洋蔥炒軟，不要炒到上色。將A和B調拌之後以絞肉機絞碎，混合洋蔥和蛋黃之後整形成四方形。
2　將整形好的1裹滿低筋麵粉，迅速浸入蛋液之後沾裹麵包粉，以200℃的沙拉油炸到酥脆。
3　製作黑米烤飯糰。淘洗白米，再加入黑米，然後加入雞高湯、鹽、白胡椒炊煮。以保鮮膜捲成棒狀之後調整形狀備用。

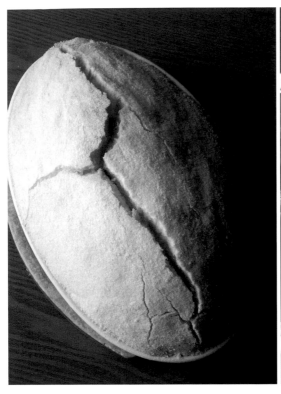

熟成40天 岩鹽包烤
伊豆天城產黑豬里肌肉

經過乾式熟成40天的黑豬肉。以炭火燒烤500g的肉塊之後,再以200℃的烤箱加熱30分鐘。然後以葡萄葉包住肉塊,四周則以與蛋白混合的岩鹽包覆。脂肪的香氣會因熟成而減少,所以靠葡萄葉彌補香氣。

黑豬里肌肉(塊)　500g
鹽、黑胡椒　各適量
蛋白　3個份
西西里島岩鹽　1.5kg
鹽漬葡萄葉　適量

1　豬里肌肉撒上鹽、黑胡椒,以炭火燒烤,使表面上色並沾附木炭的香氣。尤其是附著在周圍的脂肪部分,要充分燒烤。

2　將肉塊移入耐熱袋中,以冰水急速冷卻。

3　鹽漬葡萄葉用水清洗,洗去鹽分,充分瀝乾水分之後將**2**的肉塊包起來。

4　將蛋白和岩鹽混合攪拌之後,在陶鍋中鋪滿半量,放入**3**的黑豬肉後覆蓋上剩餘的分量,包覆起來。

5　以200℃的烤箱烘烤30~40分鐘,然後將竹籤插入中心,等待數秒之後,將竹籤放在嘴唇上確認溫度,中心達到58~60℃之後即可移離烤箱。

6　把刀子插入陶鍋的周圍,弄碎鹽殼。

7　取出豬肉,解開葡萄葉之後切成一半。盛裝在鹽殼上提供。

熟成50天 低溫烘烤
北海道產黑毛和牛腿肉

將價格實惠的北海道十勝產黑毛和牛A3內腿肉經過
50天的乾式熟成。經過適當的熟成的話，肉的紅色會
變得很漂亮，即使加熱之後周圍也不會變質成黑色。

低溫烘烤牛腿肉

牛腿肉（塊）　400g
鹽、黑胡椒、鹽之花　各適量

1　牛腿肉撒上鹽、黑胡椒，以60℃的烤箱加熱1小時
　　15分鐘。
2　將牛肉從烤箱取出之後，移到烤爐上，以炭火增添
　　香氣和烤色。
3　將牛肉分切之後盛盤。在切面撒上鹽之花。倒入收
　　乾水分的濃縮肉汁。

濃縮肉汁（完成時1公升）

小牛高湯

┌ 小牛的骨頭　10kg
├ 洋蔥（2cm小丁）　4個
├ 胡蘿蔔（2cm小丁）　2根
└ 西洋芹（2cm小丁）　1根

┌ 水　適量
├ 番茄（切成大塊）　4～5個
├ 法國香草束　1束
└ 粗鹽　適量

鹽、胡椒　各適量

1　製作小牛高湯。將小牛的骨頭切成可以放入圓筒狀
　　高湯鍋（內徑39cm、深度39cm）中的大小。
2　將骨頭與洋蔥、胡蘿蔔、西洋芹擺放在烤盤上面，
　　以210℃的烤箱將全體烤上色。
3　將骨頭和蔬菜移入圓筒狀高湯鍋中。將水倒在烤盤
　　上，把沾附在烤盤上的鮮味溶解，加進高湯鍋中。
4　將番茄、法國香草束、粗鹽放入高湯鍋中，倒入剛
　　好蓋過材料的水量之後開大火加熱。
5　煮滾之後撈除浮沫，轉成小火，保持稍微煮滾的狀
　　態，熬煮6小時以上（煮到剩5公升為止）。以錐
　　形過濾器過濾之後，小牛高湯就完成了。
6　將小牛高湯移入鍋中，開小火加熱。一邊撈除浮
　　沫，一邊熬煮至湯汁收乾到剩1公升為止，做成濃
　　縮肉汁。
7　將6取出一部分，煮乾水分，以鹽、胡椒調味。

千葉縣產夏季鹿肉塔塔醬酪梨漢堡
附檸檬百里香風味炸薯塊

以經過14天乾式熟成的夏季鹿肩肉200ｇ為夾餡的漢堡。在不同的季節，
有時也會使用野豬肉、豬肉和牛肉。有相當厚度的漢堡肉排和一口咬不下
的高度是最棒的部分。

漢堡

漢堡肉排（1人份）
- 鹿肩（前腳）肉　200g
- 紅蔥頭（碎末）　20g
- 鹽、黑胡椒　各適量
- 李派林伍斯特醬　5g
- 塔巴斯科辣椒醬　8滴
- 鰻魚醬汁＊　15g

漢堡麵包　1個
萵苣　2片
番茄（1cm厚的圓形切片）　L尺寸1/8個
洋蔥（1cm厚的圓形切片）　1/8個
酪梨（5mm厚的薄片）　1/4個
塔塔醬＊＊　適量

＊鰻魚醬汁是以蛋黃4個份、鰻魚40g、第戎芥末醬20g、番茄糊5g、紅蔥頭（碎末）16g、巴薩米克濃縮醬汁（將巴薩米克醋煮乾水分而成）50cc、橄欖油100cc、酸豆60g、塔巴斯科辣椒醬10滴混合而成。

＊＊將蛋黃6個份、紅酒醋65cc、第戎芥末醬60g、鹽·白胡椒各適量放入攪拌盆中，以打蛋器攪拌。一邊逐次少量地加入沙拉油一邊攪拌，做成黏著用的美乃滋。將水煮蛋（以細孔濾篩濾細）4個、酸黃瓜（碎末）適量、洋蔥（碎末·泡在冷水中）2個、鰻魚（碎末）40g加入美乃滋中混合攪拌。

1　製作漢堡肉排。以菜刀剁碎鹿肉，切成肉末。將其他材料加進鹿肉中混合，用手充分攪拌。
2　以圈形模具壓出圓形，以平底鍋煎烤。
3　將漢堡麵包橫切成一半，以炭火燒烤切面。
4　萵苣充分瀝乾水分備用。平底鍋中倒入橄欖油，放入洋蔥，煎烤兩面。
5　組裝漢堡。依照順序將漢堡麵包→萵苣→漢堡肉排→番茄→洋蔥→酪梨→塔塔醬→漢堡麵包往上疊。
6　將漢堡盛盤，附上炸薯塊、大蒜和檸檬百里香。

配菜

炸薯塊（1人份）
- 新馬鈴薯　S尺寸4個
- 大蒜　3瓣
- 高筋麵粉　適量
- 檸檬百里香　3枝

1　製作炸薯塊。新馬鈴薯帶皮清洗乾淨，切成一半。大蒜去除皮膜。
2　以160℃的油清炸檸檬百里香。用相同的油炸沾裹高筋麵粉的新馬鈴薯。中途加入大蒜，將馬鈴薯的中間炸熟之後瀝乾油分。

北京烤鴨風味 烤愛媛產熟成雉雞

將雉雞以真空包裝之後，冷藏運送。宰殺之後2～3天送達店裡。
在店內經過30天的乾式熟成。指定1kg重的雉雞進貨。

烤雉雞

雉雞　1隻（1kg）
水麥芽　適量
白酒醋　適量
花生油　適量

醃汁

┌ 韭蔥（碎末）　100g
├ 生薑（碎末）　20g
├ 大蒜（碎末）　10g
├ 西洋芹（碎末）　15g
├ 洋蔥（碎末）　50g
├ 茴香籽（整粒）　5g
├ 香菜籽（整粒）　10g
├ 卡宴辣椒粉　3g
├ 白酒　20cc
├ 白酒醋　10cc
├ 阿拉伯樹膠糖漿　40cc
├ 蜂蜜　50cc
├ 水　100cc
├ 細砂糖　30g
└ 鹽　15g

1 雉雞清除內臟之後用水清洗乾淨。
2 將醃汁的材料全部加在一起，稍微煮滾之後放涼。
3 將**1**的雉雞以**2**的醃汁醃漬2天。
4 將雉雞用水清洗乾淨之後擦乾水分，放在附有網架
的長方形淺盆中，然後放入85℃的蒸氣旋風烤箱
中，以蒸氣模式加熱10分鐘之後取出。
5 將水麥芽和白酒醋混合之後，塗抹在**4**的雉雞皮
上，然後風乾。反覆施行這個作業3次。
6 以200℃的烤箱將雉雞加熱20分鐘。偶爾取出雉
雞，淋上花生油，以這個方式烘烤完成。
7 分開胸肉和腿肉，將胸肉分切成容易入口的大小。
添加萵苣。

配菜

萵苣　適量
綠色大茴香（整粒）　適量
花生油　適量
鹽、胡椒　各適量

1 將撕碎的萵苣、綠色大茴香、鹽、胡
椒放入缽盆中。
2 加入已經在鍋中加熱過的花生油混合
攪拌。

焗烤馬鈴薯肉末

將數種熟成肉的邊角肉和表面已經變乾的肉絞碎成肉末，
製作成開胃菜。不像開胃菜的分量是很受歡迎的一道料理。

蔬菜燉熟成肉
- 熟成肉的邊角肉（牛肉、豬肉、野豬肉、鹿肉）　2kg
- 洋蔥（碎末）　3個
- 胡蘿蔔（碎末）　1根
- 西洋芹（碎末）　2根
- 紅酒　750cc
- 整顆番茄罐頭　2kg
- 鹽、黑胡椒、四香粉　各適量
- 月桂葉　2片
- 橄欖油　適量

白醬
- 無鹽奶油　200g
- 高筋麵粉　200g
- 牛奶　1.2公升
- 鹽、白胡椒　各適量

葛瑞爾乳酪（刨碎）　適量
烤麵包片　7片

1　製作蔬菜燉熟成肉。將收集的邊角肉以絞肉機絞碎。以橄欖油炒
　　洋蔥、胡蘿蔔、西洋芹備用。將橄欖油倒入鍋中，一邊撥散絞肉
　　一邊炒。絞肉炒散到一定程度之後，將其他的材料全部加進去。
　　煮滾之後轉為小火，燉煮到水分幾乎收乾為止。

2　製作白醬。將奶油放入鍋中，以小火加熱融化。奶油融化之後，
　　放入高筋麵粉，以木鏟充分拌炒。炒到看不到粉塊之後，逐次少
　　量地加入牛奶，使全體均勻融合。以鹽、白胡椒調味。

3　將**1**的蔬菜燉熟成肉填滿直徑8.5cm烤盅的一半，上面重疊放入
　　2的白醬。撒上葛瑞爾乳酪，以230℃的烤箱將表面烤上色。

4　附上烤麵包片端上桌。

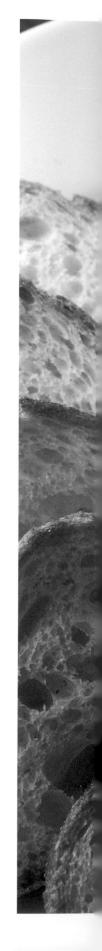

配菜

為了讓肉吃起來很美味，缺少不了大量的蔬菜。為大家介紹味道濃郁足以與肉的分量相襯、以日本產有機蔬菜製作的6種配菜。

（以下的料理：從照片上方起依逆時針方向的順序）

大蒜風味 炒莙蓬菜

莙蓬菜＊　2把
大蒜　1瓣
橄欖油　適量
鹽、白胡椒、肉豆蔻（整粒）　各適量

＊又稱不斷草。

1 莙蓬菜切成容易入口的大小，將肉豆蔻磨碎撒在上面。
2 將橄欖油倒入平底鍋中，加入壓碎的大蒜，以小火加熱。
3 大蒜冒出香氣之後，加入莙蓬菜一起炒。以鹽、白胡椒調味。

普羅旺斯燉菜

圓茄子（2cm大小的滾刀塊）　2個
櫛瓜（2cm大小的滾刀塊）　2根
洋蔥（1.5cm的瓣形）　1個
甜椒（紅、黃）（2cm大小的滾刀塊）　各1個
青椒（2cm大小的滾刀塊）　2個
整顆番茄罐頭　400g
鹽、白胡椒　各適量
橄欖油、沙拉油　各適量

1 圓茄子撒點鹽，去除澀味。釋出水分之後擦乾，以180℃的沙拉油清炸。櫛瓜也是相同的作法。
2 將洋蔥加入鍋中，以橄欖油拌炒。炒軟之後加入甜椒、青椒。全體都炒軟之後，加入圓茄子、櫛瓜、整顆番茄罐頭一起燉煮。以鹽、白胡椒調味。

炭烤鎌倉蔬菜 佐羅美斯科醬

迷你甜椒（紅、褐、黃）　各1個
香蕉甜椒　1個
豇豆　1根
喇叭櫛瓜　1/8根
小茄子（Fairy Tale）　1根
紫胡蘿蔔　1根
迷你胡蘿蔔　1根
馬鈴薯（Shadow Queen）　1個
南瓜　1/8個
橄欖油、鹽　各適量

羅美斯科醬

- 核桃（烘烤過）　240g
- 杏仁（烘烤過）　200g
- 大蒜（碎末）　320g
- 酸豆　200g
- 卡宴辣椒（去籽）　完整4根
- 橄欖油　800cc
- 番茄醬　400g
- 核桃油　240g
- 雪莉醋　70cc
- 鹽　25g

1　製作羅美斯科醬。將大蒜、酸豆、卡宴辣椒、橄欖油放入鍋中，開火加熱。大蒜變成黃褐色之後，將其他的材料全部加進去。稍微煮滾之後移離爐火，放涼之後倒入果汁機中攪打。
2　將馬鈴薯、南瓜以鋁箔紙包起來，放入150℃的烤箱燜烤。切成一半。
3　將紫色胡蘿蔔縱切成一半。將全部的蔬菜塗上橄欖油，撒上鹽。
4　以炭火燒烤之後盛盤，將羅美斯科醬另外裝在容器裡附上。

輕燉生火腿甜椒

甜椒（紅、黃、綠）　各2個
洋蔥（薄片）　1個
大蒜（碎末）　2瓣
鷹爪辣椒　1根份
煙燻紅椒粉　適量
艾斯佩雷辣椒粉　適量
鹽、白胡椒　各適量
生火腿（碎末）　適量
橄欖油　適量
義大利香芹（碎末）　適量

1　將大蒜、鷹爪辣椒、橄欖油放入鍋中，開火加熱。冒出香氣後，依照順序加入生火腿、洋蔥一起炒。
2　3種顏色的甜椒去除蒂頭和籽，切成1.5cm寬之後加進1中，以蔬菜的水分燉煮。
3　以鹽、白胡椒、煙燻紅椒粉、艾斯佩雷辣椒粉調味。
4　盛盤，撒上義大利香芹。

用千葉縣產Mutschli乳酪做的 乳酪馬鈴薯泥

馬鈴薯（五月皇后）　500g
Mutschli乳酪＊　250g
鮮奶油　100cc
無鹽奶油　50cc
鹽、白胡椒　各適量

＊以牛奶製作的半硬質乳酪。

1　馬鈴薯整顆帶皮下鍋水煮。煮到竹籤可以迅速插入的程度，去皮之後用濾篩濾細。
2　將鮮奶油、奶油放入鍋中加熱，再放入Mutschli乳酪使之溶化。
3　將1加入2中攪拌均勻，以鹽、白胡椒調味。

自製培根燉新牛蒡

新牛蒡　3根
洋蔥（碎末）　100g
培根（碎末）　50g
橄欖油　適量
雞高湯　適量
白酒　適量
鹽、白胡椒　各適量
義大利香芹（碎末）　適量

1　以橄欖油炒洋蔥和培根，不要炒到上色。
2　此時加入切成適當長度的新牛蒡，稍微炒一下。
3　倒入白酒，溶解附著在鍋子內側的鮮味後，加進雞高湯，燉煮到牛蒡變軟。
4　牛蒡煮熟之後，以鹽、白胡椒調味，再撒上義大利香芹就完成了。

La Boucherie du Buppa
CUISINE DE CHARBON

〒 153-0052
東京都目黑區祐天寺 1-1-1
Liberta 祐天寺
Tel. 03-3793-9090
公休日　週一
營業時間　[二〜六]　18:00〜翌日 2:00（L.O. 翌日 1:00）
　　　　　[日]　　　18:00〜24:00（L.O. 23:00）

這家店位於中目黑和祐天寺的中間，絕對說不上是個好地點，但是為了想吃這裡才品嘗得到的熟成肉，每晚都有為數眾多的客人來店裡光顧。牛、豬和家禽等就不用說了，客人的目標是日本的國產野味。據說加上進口的肉品，一年有多達十數種的野味出現在菜單上。

設置在入口正對面的熟成庫中，排列了一大排等待熟成的各式肉品。這是似乎無論如何都會對於稍後的料理提升期待感，訴諸視覺的演出。

Buppa的確是以享用肉料理為目的的餐廳，主廚神谷英生先生面對肉品的態度異常認真。甚至連招牌的

野味，都是親自開著卡車前往簽約合作的各地獵人那裡，將野味搬運回店裡，這般地努力。

這樣運送回來的肉，藉由乾式熟成去除水分之後，將鮮味濃縮。特別的是，並非利用乳酸菌等有益菌，而是藉著控制溫度和濕度使肉品熟成。最初是在溫度0℃、濕度0％的熟成庫內使肉的表面變乾，之後慢慢地調高濕度，調節成使肉保持適度的水分。目標是使熟成的肉不會有強烈的肉腥味，容易入口。

將這樣熟成後的肉，使用炭火加熱，讓肉從內側開始鬆軟地膨脹，像乾貨泡水還原一樣，燒烤到使肉的纖維鬆開。只有炭火才有的煙燻香氣也是不可欠缺的。

此外，除了餐廳，位於池尻大橋的「法式熟食店神谷」於2011年12月開幕。該店也販售食用肉加工品、熟成肉和熟食配菜等。

菜單

[前菜]

醋漬橄欖　500日圓

炭火燒烤千葉縣產莫札瑞拉乳酪　800日圓

法式鄉村肝醬　950日圓

豬的自製生火腿　1600日圓～

熟食冷肉拼盤　2000日圓～

岩手清流地雞白肝焦糖布丁　1000日圓

法式肉凍風味 鹿的黑血腸　1200日圓

日本馬肉的韃靼馬肉　2500日圓

本日前菜拼盤　2000日圓

[蔬菜料理]

新鮮蔬菜棒 佐香蒜鯷魚熱沾醬　1200日圓

無農藥蔬菜和香草的綠色沙拉　800日圓

醋漬十勝產蘑菇　850日圓

[炭火燒肉料理]

本州鹿　3000日圓

豬　3200日圓

愛媛產熟成雉　3000日圓

伊豆天城產 黑豬里肌肉　1800日圓

伊豆天城產 黑豬五花肉　1200日圓

純種巴斯克豬「Kintoa」　4000日圓～

黑毛和牛　3000日圓～

野味 肝臟・心臟　1300日圓

[配菜]

炭火燒烤時令蔬菜　600日圓

自製培根燉高麗菜　600日圓

馬鈴薯泥　600日圓

多菲內焗烤馬鈴薯　600日圓

大蒜風味炒青菜　600日圓

[燉菜]

肉店的燉內臟　1500日圓

分享式套餐　6500日圓

店鋪平面圖

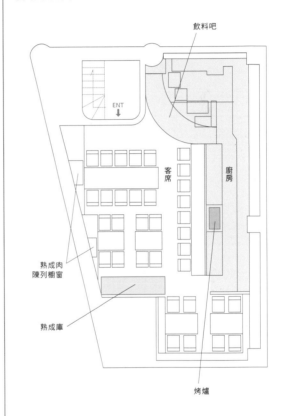

左頁下：吧台8席，餐桌26席，店內共34席。牆上以模仿熟成庫
的擺設，陳列熟成肉和香腸等作為裝飾，營造氣氛。
左上：吧台的內側是廚房。透過玻璃可以看到裡面。
上：最後方的客席，裝飾有鹿角做成的照明和葡萄酒瓶。

37 Steakhouse & Bar
37牛排館&酒吧

一踏進店裡，透過玻璃傳送出廚房裡烤肉的熱氣和臨場感。位於六本木之丘的「37牛排館&酒吧」是備齊正宗紐約牛排館標準菜色的餐廳。招牌菜色熟成牛肉的帶骨肋眼牛排是澳洲產的安格斯黑牛品種。引進可以引出這種肉品原味的最佳熟成方法。

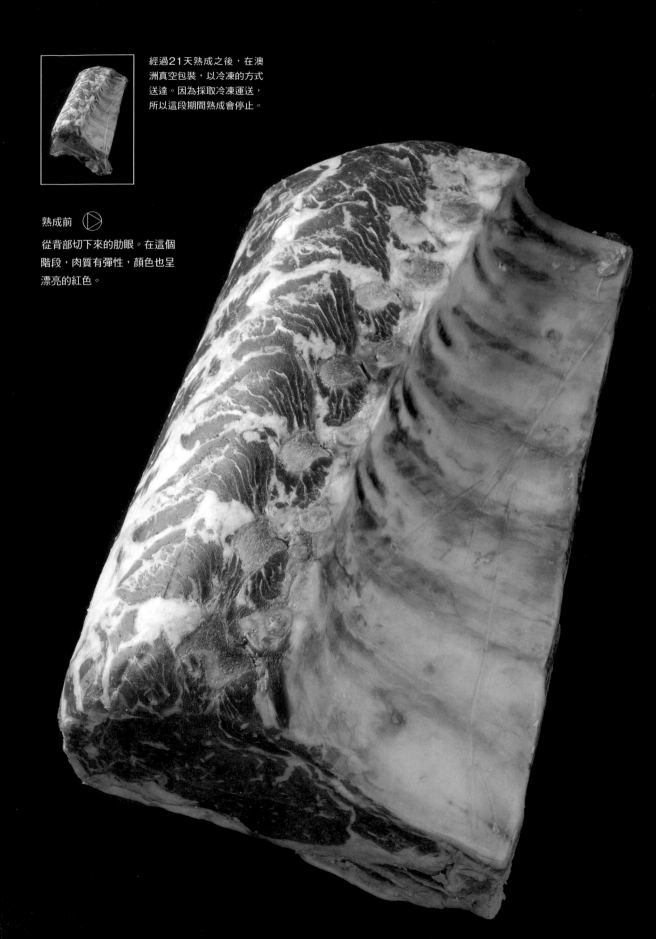

經過21天熟成之後，在澳洲真空包裝，以冷凍的方式送達。因為採取冷凍運送，所以這段期間熟成會停止。

熟成前 ▷

從背部切下來的肋眼。在這個階段，肉質有彈性，顏色也呈漂亮的紅色。

澳洲產 牛帶骨肋眼

使用部位／帶骨肋眼
種類和產地／安格斯黑牛品種（澳洲產）
飼育方法／先草飼之後，中期穀物肥育。
150～180天以玉米或小麥肥育。
月齡／20個月以內
運送方法／以真空包裝冷凍之後海運送達。

 熟成後　在店內的熟成室再熟成14天的肋眼。切面變得發黑。水分消失25％左右，全體有點收縮起來。骨頭的兩側也凹陷下去。

關於熟成

熟成的種類和期間

屠宰之後在澳洲當地熟成3週，然後以真空包裝冷凍之後，利用海運輸送。運抵店內之後再熟成2週（介於濕式熟成和乾式熟成之間的方法）。店家認為，對於澳洲產的牛肉來說，這個熟成期間是最適合的。在2週內差不多失去25％的水分。

熟成方法

肉品到貨之後，在店裡解凍、裹上漂白棉布，然後排列在熟成庫中熟成2週。因為包裹肉品的漂白棉布要每天換新，所以會趁此時檢視肉品的熟成狀態。經過一段時間之後，流出來的滴液分量會慢慢地變少。

庫內維持在2～3℃、濕度70％。保持低溫高濕的環境。想要促進全體熟成的時候將溫度調升1℃，想要延遲熟成的時候將溫度調降1℃，依此調整。

裹上漂白棉布，去除水分。這塊漂白棉布每天都要換新。

熟成的鑑定

切面漸漸發黑。因為漸漸失去水分，所以用手指按壓時會有硬硬的緊實感。脂肪變化成用手指按不下去的硬度。

衛生方面

嚴密地檢查肉品的真空包裝袋上是否有破掉的小洞，如果有破洞就一定要換貨。即使是以冷凍運送，一旦包裝上有了小洞，在店內的熟成過程中就會腐敗。

製作料理時對於熟成肉的構想

澳洲產的牛肉，肉質的水分比較多，所以去除這個水分可以使味道濃縮。

燒烤方式的構想是，周圍烤黑，中間是紅的。中途靜置一下，然後以大火充分燒烤。

熟成庫

將熟成庫設置在葡萄酒貯藏室中。

星崎集團製造的熟成庫。總共6層。平時1層擺放5個肋眼，將全部28～30個肋眼包在漂白棉布中，排列在層架上面進行熟成。

為了讓肉品均等地熟成，每次追加新的肉品時，會依照順序在熟成庫內移動。上層是熟成進行最久的肉品，下層是新的肉品。

澳洲產 牛帶骨肋眼
修整

已經完成修整的肉，基本上會在當天之內使用完畢。
修整後放在冷藏庫中保存。

[用來修整的刀子]
左邊是削骨刀，右邊是剝筋刀。

1 將削骨刀的刀尖插入殘留的圓形骨頭（胸椎的根部）周圍。

2 將圓形骨頭全部取下。有這個骨頭的話，就無法將肉分切開來。

3 改用剝筋刀，削除已經變色的表面。

4 脂肪側也同樣削除。適度保留脂肪。

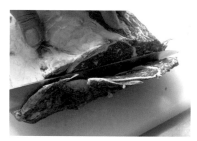

5 薄薄地切除兩邊的切面。

6 以削骨刀將殘留在肋骨上的筋膜和脂肪削下來。

7 從肋骨刮除，將各處都刮乾淨。

8 修整完成的肋眼和切下來的邊角肉。因為修整，全體會削除35％左右的肉。

分切

1 將刀子切入骨頭和骨頭之間，分切開來。

2 切成1片650g的帶骨肋眼牛排。厚片的牛排比較容易控制加熱程度。

燒烤

務必要將牛肉恢復常溫之後才燒烤。調味只簡單使用鹽、胡椒。
決定味道的重要關鍵是鹽，使用的是精製度低、感覺得到甜味的
「粟國之鹽」。

1 撒上鹽（粟國之鹽），再磨碎撒上黑胡椒。

2 一開始放在木炭冒出大火的地方。只將表面烤過之後翻面。在這個階段，全體加熱1成左右。

3 再次翻面，移到火力稍微小一點的地方燒烤。

4 放在烤爐的右側（沒有放置木炭的地方）靜置15～20分鐘左右。

5 漸漸呈現看起來很美味的烤色。

6 將竹籤插入中心稍等片刻後，拔出竹籤之後放在嘴唇上，確認中心的溫度。以從表面算起6成，從裡面算起4成的比例燒烤。

7 最後以大火將表面烤得酥脆。周圍是黑的,中間是紅的。

8 將陶盤放入360℃的烤箱中加熱備用。因為肉要盛放在烤熱的盤子上,所以要考慮到肉在盤子上會繼續受熱來完成燒烤。

9 烤熟的狀況大致上如照片所示。

烤爐和熱源

熱源是大鋸炭(山頭火備長)。1天要使用40kg左右的木炭。烤爐右側不放入木炭,當作將烤好的肉靜置的地方。

熟成35天安格斯黑牛
帶骨肋眼牛排（→71頁）

在店內熟成2週之後，味道濃縮的澳洲產安格斯黑牛的牛排。
也有無骨的可供選擇。

熟成21天澳洲和牛
紅屋牛排

沙朗和菲力附著在I字形骨頭的兩側這個稱為I骨的部
位，又稱為紅屋牛排。只需簡單地撒上鹽、胡椒之後
燒烤。沒有配菜，只有肉，很豪邁的一道料理。

牛I骨（澳洲產）　1片1kg
鹽（栗國之鹽）、黑胡椒　各適量

1　I骨分切成1kg。

2　撒上鹽、黑胡椒，烤成三分熟。

3　切下骨頭，分成里肌肉和菲力，再分切成容易入口
　　的大小端上桌。

37經典漢堡 180g

菜單上清楚標明180g漢堡肉排的分量，展現分量感。
午餐菜單的一道料理。

經典漢堡

漢堡排　1個180g
- 牛肩里肌肉（澳洲產）　8
- 牛油（黑毛和牛）　2
- 鹽（粟國之鹽）、黑胡椒　各適量

漢堡麵包　1個
紅葉萵苣　20g
番茄（圓形切片）　1片（50g）
紅洋蔥（圓形薄片）　20g

1　製作漢堡排。以8比2的比例準備牛肩里肌肉和牛
　　油，放入口徑7mm的絞肉機中絞碎。

2　以1個180g的重量揉圓，靜置一段時間直到排除
　　裡面的空氣。

3　撒上鹽、黑胡椒，以烤爐將漢堡排烤成三分熟。

4　將漢堡麵包橫切成一半，以烤爐烘烤兩面。

5　將烤好的漢堡排放在1片漢堡麵包上面。在另一片
　　漢堡麵包上面擺放紅葉萵苣、番茄、紅洋蔥，以竹
　　籤固定。

6　將漢堡盛盤，附上倒入小碟中的37醬汁，並與以
　　沙拉油炸好的炸薯條、醃黃瓜一起盛盤。

37醬汁（1人份30g）

美乃滋　10
白酒醋　1
芥末籽醬　3
辣根（磨成泥）　3
龍蒿（碎末）　2
檸檬汁　1
鹽、黑胡椒　各適量
塔巴斯科辣椒醬　少量

1　將全部的材料依上方的比例攪拌均勻。放在冷藏庫
　　中保存。

配菜

炸薯條（省略解說）　130g
醃黃瓜　1根

炙烤岩手縣產糯米豬
佐蘋果薄荷香辣芥末橘皮果醬

豬肉以鹽、黑胡椒預先調味的簡單炭火燒肉。
建議附上加了香辣芥末的橘皮果醬。

炙烤糯米豬

帶骨豬里肌肉　1片300g
鹽（粟國之鹽）、黑胡椒　各適量
橄欖油　適量

1　豬里肌肉撒上鹽、黑胡椒。
2　以大火的炭火燒烤肉的兩面。因為肉會變硬，所以要多多留意，不要過度加熱。
3　將馬鈴薯泥和烤好的豬肉盛盤。豬肉淋上橄欖油增添香氣。
4　將芥末橘皮果醬醬汁倒入小碟中，加入切成碎末的蘋果薄荷（分量外），附在豬肉旁邊。以西洋菜作為點綴。

芥末橘皮果醬醬汁（1人份30g）

橘皮果醬　225g
水　150g
塔斯馬尼亞芥末醬　30g
玉米粉　5g
水　15g

1　將橘皮果醬、水150g、塔斯馬尼亞芥末醬加在一起，以小火加熱，煮乾水分。
2　加入以水15g溶勻的玉米粉勾芡。移離爐火放涼。

配菜

馬鈴薯泥（1人前150g）

馬鈴薯（水煮後濾細）　1.34kg
牛奶　600cc
鮮奶油　200cc
肉豆蔻、大蒜粉　各適量
鹽、白胡椒　各適量
無鹽奶油　50g

西洋菜　1根

1　製作馬鈴薯泥。將馬鈴薯、牛奶、鮮奶油、肉豆蔻、大蒜粉混合，加入奶油後開火加熱，攪拌完成。
2　以鹽、白胡椒調味。

炙烤澳洲產小羊排
佐龍蒿醬汁

小羊排也是簡單地只以鹽、胡椒調味。烤成比牛肉稍
微熟一點的五分熟。

炙烤澳洲產小羊排

　小羊排　3根300g
　鹽（粟國之鹽）、黑胡椒　各適量

1　小羊排分切成1根骨頭1塊。
2　撒上鹽、黑胡椒，以大火的炭火燒烤。
3　翻面數次烤成五分熟。
4　將馬鈴薯泥盛盤，附上龍蒿醬汁。盛放上小羊排，
　以西洋菜點綴。

龍蒿醬汁（1人份30g）

　紅酒醬汁＊　300g
　龍蒿（碎末）　20g
　綠胡椒　30g
　巴薩米可醋　50g
　紅酒醋　10g

＊以紅酒4、牛肉高湯6的比例混合之後，開火加熱煮乾水
　分。此外，牛肉高湯是以牛肉、牛骨、洋蔥、胡蘿蔔、西
　洋芹、月桂葉、黑胡椒、大蒜粉、整顆番茄罐頭、水萃取
　而成。

1　將全部的材料加在一起，稍微煮滾後放涼。
2　分裝在小碟中。

配菜

　馬鈴薯泥（→77頁）　150g
　西洋菜　1根

海鮮拼盤
佐清澄奶油・檸檬

很受歡迎的3種魚貝類拼盤。

蝦　4隻
松葉蟹（澳洲產・水煮）　350g
牡蠣（塔斯馬尼亞產）　4個
簡易蔬菜高湯　適量
清澄奶油　20g
檸檬　1/2個
細葉香芹　適量

雞尾酒醬汁　1人份20g
├ 辣椒醬　500cc
├ 辣根（磨成泥）　100g
└ 白蘭地、李派林伍斯特醬　各少量

1　蝦剔除腸泥，不剝蝦殼，以煮熱的簡易蔬菜高湯燙煮。放涼之後剝除蝦殼。

2　將蝦、松葉蟹、牡蠣（取下1片外殼）一起盛裝在盤中。上面添放細葉香芹。

3　將雞尾酒醬汁的材料混合均勻。

4　將清澄奶油、雞尾酒醬汁、切半的檸檬分別裝在小碟中，附在**2**的旁邊。

B.L.T.A.沙拉

在培根、萵苣、番茄中加入酪梨，很受歡迎的沙拉。
推薦搭配店家以獨特配方調製的BBQ醬汁。

葉菜類蔬菜＊　合計70g
麵包丁（長棍麵包）　10g
番茄（瓣形）　1/2個
酪梨（半月形）　1/4個
培根（炙烤）　4片
切達乳酪（乳酪絲）　15g
甜菜（切絲）　10g
紅洋蔥（圓形切片）　10g

BBQ沙拉醬汁　1碟份50g
　37法式油醋醬　3
　├ 醋　1
　├ 純橄欖油　2
　├ 鹽、黑胡椒　各適量
　├ 番茄泥　1
　├ 檸檬汁　1
　├ 芥末　適量
　└ 塔巴斯科辣椒醬　適量
　BBQ調味醬＊＊　1

＊用手撕碎紫萵苣、紅葉萵苣、皺葉萵苣、高麗菜。
＊＊將洋蔥、咖啡豆、李派林伍斯特醬、辣椒粉、番茄醬、
番茄汁、葡萄乾、西洋芹、塔巴斯科辣椒醬、大蒜、蘋果
醋、水各適量混合之後過濾。

1　製作BBQ沙拉醬汁。將37法式油醋醬（以上記的
　　比例混合之後攪拌均勻）、BBQ調味醬以3比1的
　　比例混合。

2　以BBQ沙拉醬汁調拌葉菜類蔬菜、麵包丁，然後
　　盛盤。

3　將番茄、酪梨、培根、切達乳酪盛放在上面，再將
　　紅洋蔥、甜菜盛放在最上方。

菠菜和熱蕈菇沙拉
拌紅酒醋沙拉醬汁

在菠菜和蕈菇變得美味的秋冬之際，很受歡迎的季節
菜單。配合肉的分量，也使用大量的蔬菜。

菠菜沙拉

沙拉菠菜　1盒
菊苣　15g
紫萵苣　15g

紅酒醋沙拉醬汁
├ 橄欖油　630g
├ 紅酒醋　280g
├ 鹽、黑胡椒　4g
└ 蜂蜜　140g

1　將沙拉菠菜的葉子、菊苣、紫萵苣撕碎成容易入口
　　的大小。

2　將紅酒醋沙拉醬汁的材料全部加在一起攪拌均勻。

3　以沙拉醬汁調拌**1**。

蕈菇&培根

蘑菇（切片）　300g
鴻喜菇（剝散）　300g
香菇（切片）　280g
培根　300g
大蒜（碎末）　20g
紅辣椒　少量
橄欖油　適量
鹽、黑胡椒、奧勒岡葉（乾燥）　各適量
白酒　適量
核桃　5g
番茄（瓣形）　60g
麵包丁（長棍麵包）　10g
紅洋蔥（圓形切片）　10g

1　將橄欖油、大蒜、已經去籽的紅辣椒放入平底鍋中
　　加熱。

2　冒出香氣之後加入切成棒狀的培根拌炒。

3　培根釋出油分之後加入蘑菇、鴻喜菇、香菇。蕈菇
　　炒熟之後，加入鹽、黑胡椒、奧勒岡葉、白酒，稍
　　微加大火勢使酒精蒸發，調整味道。

4　將菠菜沙拉盛盤。將蕈菇&培根盛放在上面，再撒
　　上核桃。然後將番茄、麵包丁、紅洋蔥一起盛盤。

烤蘆筍

以炭火燒烤比拇指粗的蘆筍。為了充分利用新鮮的口感和蘆筍的香氣，請留意不要加熱過度。

　　綠蘆筍　5根
　　鹽（伯方之鹽）、黑胡椒　各適量
　　橄欖油　10cc

1　去除綠蘆筍靠近根部的硬皮，以滾水迅速汆燙備用。

2　將綠蘆筍噴上橄欖油，撒上鹽、黑胡椒後放上烤爐，一邊轉動蘆筍一邊以炭火燒烤。請留意不要燒烤過度。

3　將綠蘆筍盛盤。

烤馬鈴薯
佐培根酸奶油

將酸奶油、培根、乳酪放在鬆軟的大型馬鈴薯上面，做出烤得熱騰騰又黏稠的配菜。

　　馬鈴薯（五月皇后・3L）　1個
　　酸奶油　30g
　　切達乳酪（乳酪絲）　10g
　　培根　10g
　　鹽、黑胡椒　各適量
　　珠蔥（蔥花）　5g

1　將蒸氣旋風烤箱設定在100℃的蒸氣模式，放入帶皮的馬鈴薯蒸30～40分鐘，直到蒸軟。

2　將馬鈴薯縱向切入切痕，撒上鹽、黑胡椒，放上酸奶油、切成棒狀的培根、切達乳酪，然後放入320℃的烤箱，將乳酪烤到融化。

3　移入烤盅裡面，撒上珠蔥的蔥花。

3 客人點餐之後，以清澄奶油炒**1**的菠菜60g。此時加入義式白醬，變熱之後以鹽、黑胡椒調味。

炒蘑菇

將整顆蘑菇下鍋去炒的經典配菜。

蘑菇　150g
橄欖油　適量
無鹽奶油　20cc
大蒜（碎末）　5g
鹽、黑胡椒　各適量

1 將橄欖油和大蒜放入平底鍋中加熱，大蒜冒出香氣之後將蘑菇放入鍋中炒。
2 以鹽、黑胡椒調味。
3 沾裹奶油。

奶油菠菜

這是牛排館的經典菜色。醬汁當中加入了肉豆蔻，增添了隱約的甜香。

菠菜（水煮後切成碎末）　60g
清澄奶油　10cc

義式白醬　1人份100g
┌ 牛奶　1公升
├ 水　1公升
├ 低筋麵粉　100g
├ 無鹽奶油　125g
├ 肉豆蔻　適量
└ 格拉娜・帕達諾乳酪（磨碎）　250g

鹽、黑胡椒　各適量

1 菠菜以滾水汆燙之後切成碎末。
2 製作義式白醬。依照製作法式白醬的要領，將奶油放入鍋中開火加熱，待奶油融化之後加入低筋麵粉，以木鏟拌炒。低筋麵粉受熱開始咕嚕咕嚕沸騰時，加入牛奶和水，一邊攪拌一邊煮沸。煮到沸騰，變得濃稠之後，加入肉豆蔻和格拉娜・帕達諾乳酪，讓乳酪溶化。

兒童餐

可愛的迷你漢堡、焗烤和炸物組合而成的套餐。

漢堡
- 漢堡排（→75頁） 1個50g
- 漢堡麵包（小） 1個

焗烤通心麵
- 義式白醬（→83頁） 1.5〜1.8
- 通心麵（水煮） 1
- 切達乳酪（乳酪絲） 1人份20g
- 格拉娜‧帕達諾乳酪（磨碎） 適量
- 荷蘭芹（碎末） 適量

洋蔥圈＊ 2個（20g）
酥炸蝦米花＊ 2根（30g）
炸薯條＊ 50g
番茄（瓣形） 1個
葉菜類蔬菜沙拉＊＊ 15g
杯子甜點＊＊＊ 1個

＊省略解說
＊＊將萵苣等葉菜類蔬菜以37法式油醋醬（→81頁）調拌而成。
＊＊＊將烤巧克力蛋糕切成四方形，添上鮮奶油霜。以覆盆子、藍莓、薄荷裝飾。

1 製作漢堡。將漢堡排揉圓成1個50g，靜置一下排除空氣。以大火的炭火烤成五分熟。將漢堡麵包橫切成一半，以炭火烘烤。以漢堡麵包夾住漢堡排。

2 製作焗烤通心麵。將義式白醬和煮好的通心麵依照左記的比例混合備用。將此通心麵裝在烤盅裡，再擺上切達乳酪。以280℃的烤箱烘烤10分鐘。烤好之後，撒上格拉娜‧帕達諾乳酪、荷蘭芹。

3 將葉菜類蔬菜沙拉、番茄盛盤。左邊擺放杯子甜點，右邊擺放焗烤通心麵，前方盛放漢堡、炸薯條、洋蔥圈和酥炸蝦米花。

37 Steakhouse & Bar
37牛排館&酒吧

〒 106-0032
東京都港區六本木 6-15-1
六本木之丘六本木欅坂路
2F（欅坂 Terrace）
Tel. 03-5413-3737
公休日　比照六本木之丘
營業時間
[一～五]　　　11:00 ～ 15:30（L.O. 14:30）
　　　　　　　17:30 ～ 23:30（L.O. 22:30）
[六日假日]　　11:00 ～ 16:00（L.O. 15:00）
　　　　　　　17:30 ～ 23:30（L.O. 22:30）

　　位於六本木之丘欅坂Ｔｅｒｒａｃｅ 2樓的37 Steakhouse & Bar，是將酒吧區和用餐區合併成160席的大型牛排館。以身上壓印了37字樣的牛形圖案，這個令人印象深刻的大型商標迎接客人的到來。經營者是Stillfoods株式會社。公司規模足以承接婚禮等宴會的業務。

　　一進到店裡，首先配置了酒吧區和其右側隔著半面玻璃牆的廚房。廚房內設置了1台大型烤爐，肉就是在這裡由一個人獨力烤製完成。1天之內會用完多達40kg的大鋸炭。肉的表面以大火烤到焦黑，移離炭火之後靜置一下，讓肉的裡面變成紅色的紐約風味牛排。

　　除了在店內的熟成庫中經過熟成的安格斯黑牛肋眼之外，還提供澳洲和牛、US極佳級沙朗、糯米豬和小羊排等炭火燒肉。海鮮、沙拉和配菜等，也是絲毫不遜於紐約牛排館的菜單陣容。

　　總料理長鹿內龍也先生累積多年研習義大利料理的經驗，在使用的素材和醬汁類方面下工夫，對於各種菜色精益求精。他為了做出鬆軟馬鈴薯的備料，或是為了將醬汁和沾醬等賦予微妙的味道或香氣，使用意想不到的香料或材料。以肉眼無法辨識出來的堆疊，做出37牛排館&酒吧才有的經典味道。

菜單

晚餐

[牛排]

熟成35天安格斯黑牛
　　去骨肋眼牛排（350g）　5400日圓
　　帶骨肋眼牛排（650g）　8900日圓

熟成21天澳洲和牛
　　帶骨沙朗牛排（700g）　15800日圓
　　紅屋牛排（650g）　16800日圓～

熟成21天安格斯黑牛
　　去骨肋眼牛排（350g）　4900日圓
　　帶骨肋眼牛排（650g）　7900日圓

[前菜]

海鮮拼盤 佐清澄奶油・檸檬（2人份）
　　5200日圓
絲島雷山豬粗絞肉香腸 附德式酸菜
　　1700日圓
巨型蝦雞尾酒 佐山葵雞尾酒醬汁
　　2000日圓
鮮牡蠣（3個）佐山葵雞尾酒醬汁
　　1700日圓
松葉蟹蟹肉餅 佐塔塔醬（2片）
　　1600日圓
煙燻鮭魚厚片 附檸檬奶油和鮭魚子
　　1700日圓

[沙拉]

優選凱撒沙拉 佐奶油帕馬森乳酪沙拉醬汁
　　1300日圓
菠菜和熱蕈菇沙拉 拌紅酒醋沙拉醬汁
　　1700日圓
松葉蟹根菜沙拉 佐鯷魚沙拉醬汁
　　1700日圓
水牛莫札瑞拉乳酪和水果番茄沙拉
　　1800日圓
基本綠色沙拉 佐龍蒿香氣巴薩米克醋沙拉醬汁
　　1200日圓
培根、萵苣、番茄、酪梨沙拉 佐烤肉醬沙拉醬汁
　　1600日圓

[配菜]

大蒜馬鈴薯泥　900日圓
奶油菠菜　1100日圓
烤馬鈴薯 佐培根酸奶油　900日圓
炸薯條　800日圓
洋蔥圈　800日圓
烤蘆筍　1200日圓
水煮日本國產青花菜　900日圓
炒蘑菇　1000日圓
番茄厚片　800日圓
香辣炸薯條　900日圓

[料理長推薦的主菜]
炙烤鮭魚&巨型蝦　3200日圓
炙烤塗滿特製調味料的日本國產雞 附馬鈴薯泥
　2800日圓
炙烤岩手縣產糯米豬 佐蘋果薄荷香辣芥末橘皮果醬
　3000日圓
炙烤澳洲產小羊排 佐龍蒿醬汁（3塊）　3300日圓

午餐
本週沙拉午餐　1100日圓
本週義大利麵午餐　1200日圓
本週三明治午餐　1200日圓
37經典漢堡（附炸薯條）
　1200日圓（100g）、1700日圓（180g）
37獨創200g漢堡排　1400日圓
牛排蓋飯　1600日圓
200g帕爾馬產乳清豬的烤豬排　1500日圓
炙烤挪威鮭魚　1800日圓
安格斯黑牛肋眼牛排
　2200日圓（120g）、3100日圓（200g）
午餐套餐　3700日圓
兒童餐　1000日圓

其他還有週末假日早午餐。

店鋪平面圖

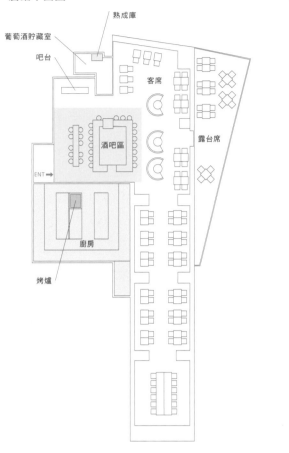

p.85左：主要用餐區的後方隔開變成可以當作包廂使用之類的區域。牆上裝飾著色彩鮮豔的牛的圖畫。
p.85右：入口處的商標。
左頁左：慢慢累積義大利料理學習經驗的主廚鹿內龍也先生。
左頁右、左上：以大型烤爐燒烤完成的牛排，外面是黑色，裡面是紅色。
下：主要用餐區的客席。

CHICCIANO

「CHICCIANO」是專門製作肉料理的義式餐廳。除了最受歡迎的熟成肉，還準備烤小羊和烤布列斯雞等各式各樣的肉料理。令人開心的是，一定會在肉料理之前端出數種生火腿作為開胃小菜。使用設置在客席中央的紅色火腿切片機剛切下來的生火腿，供應給客人。

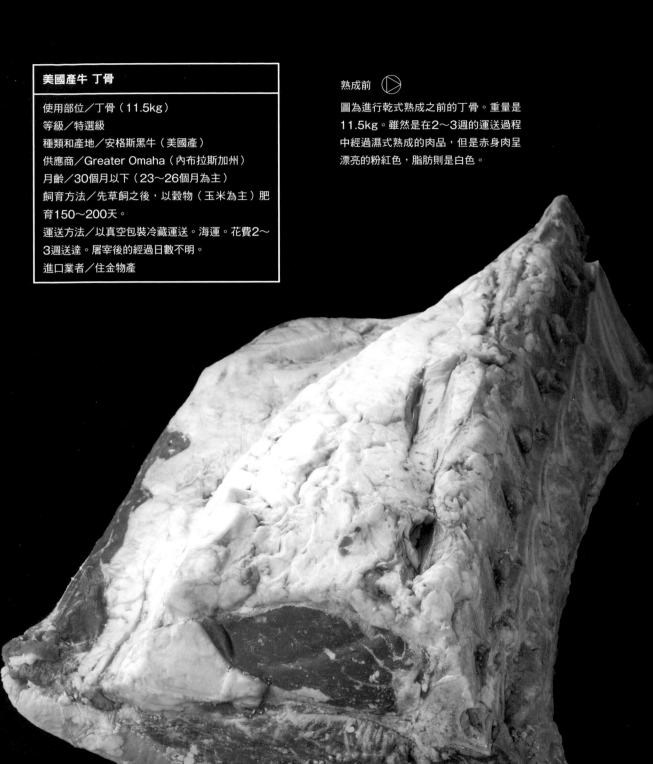

美國產牛 丁骨

使用部位／丁骨（11.5kg）

等級／特選級

種類和產地／安格斯黑牛（美國產）

供應商／Greater Omaha（內布拉斯加州）

月齡／30個月以下（23～26個月為主）

飼育方法／先草飼之後，以穀物（玉米為主）肥育150～200天。

運送方法／以真空包裝冷藏運送。海運。花費2～3週送達。屠宰後的經過日數不明。

進口業者／住金物產

熟成前

圖為進行乾式熟成之前的丁骨。重量是11.5kg。雖然是在2～3週的運送過程中經過濕式熟成的肉品，但是赤身肉呈漂亮的粉紅色，脂肪則是白色。

　熟成後　經過30天乾式熟成的丁骨。水分消失，感覺整體好像稍微收縮。赤身肉的部分變黑，脂肪也變成黃色。

丁骨。骨頭所在的位置用布緊貼著，並以真空包裝。

熟成前

進行乾式熟成之前的帶骨沙朗。

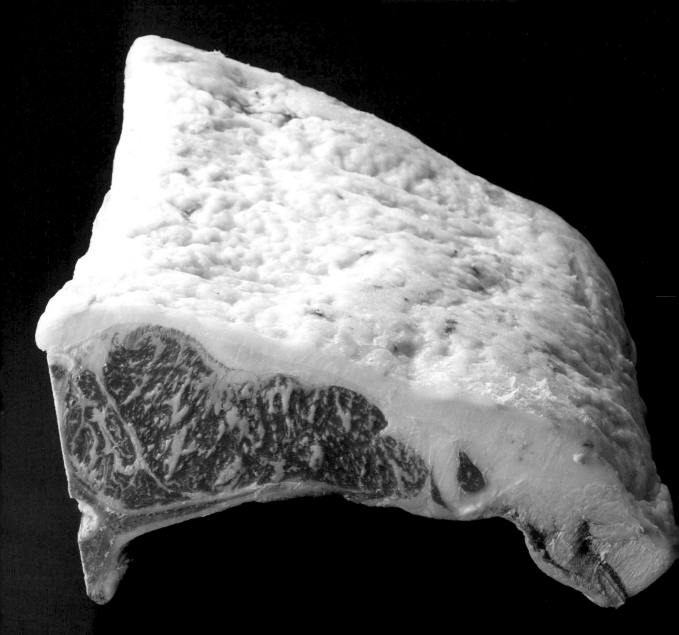

岩手縣產黑毛和牛 帶骨沙朗

使用部位／帶骨沙朗

等級／A3

種類和產地／黑毛和種（岩手縣產・雌）

月齡／28個月

運送方法／靜置在冷藏庫7天之後，用紙包住，冷藏運送。屠宰之後的經過日數是7天。

包在紙裡，冷藏送達。

熟成後　經過30天乾式熟成的帶骨沙朗。切面
的肉發黑，脂肪也變成黃色，已經稍微
變薄。

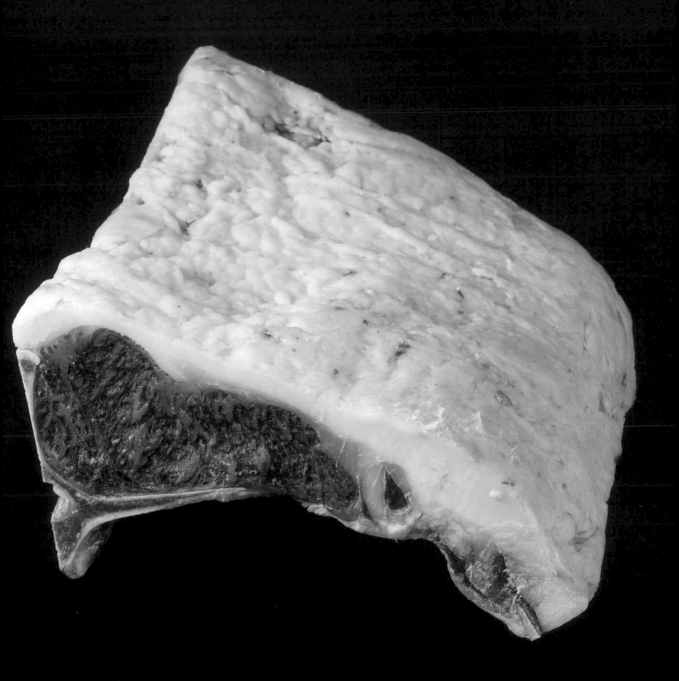

關於熟成

熟成的種類和期間

丁骨／濕式熟成21天＋乾式熟成30天間

帶骨沙朗／乾式熟成30天

熟成方法

在熟成庫內的最下層鋪滿木屑以便保濕。因為肉品是分成各個部位進行熟成，所以基本上是在長方形淺盆中鋪木板（作為吸收滴液之用），然後將肉放在上面。這個時候將較厚的脂肪側朝下放置。經過幾天之後，在適當的時候調換肉品的前後位置，設法使熟成均等地進行。

熟成期間

在引進乾式熟成的時候，最初是經過20天的乾式熟成之後開始使用，放置5天試吃看看，決定最佳熟成期間的標準。最久曾經嘗試熟成到70天，但是在熟成40天之後，香氣和味道都沒有很大的改善，再加上精肉率變得很差，所以判斷沒有必要花很長時間熟成到這個地步，決定在熟成30～40天時開始使用。結束熟成之後，以從熟成開始到最久50天左右為目標使用完畢，但會根據不同的個體調整時間。

對於這次使用的美國產丁骨以外的肉，也同樣決定熟成期間的標準。然後隨著使用部位和個體的不同來調整熟成期間。譬如，帶骨肉品的熟成期間就稍微久一點；至於沒有骨頭的部位則稍微縮短時間。而且，也會根據肉品的大小來調整熟成期間。當然，大塊的肉品會久一點，小塊的會短一點。順便提一下，沒有帶骨、比較小塊的辣椒肉這個部位，熟成14～21天就很足夠了。

此外，關於霜降肉，不僅脂肪會氧化，而且長時間熟成的話油花的部分會裂開。因為有從這個縫隙開始腐敗的疑慮，所以不將霜降肉進行乾式熟成就使用。

熟成的鑑定

在經過平均的熟成期間之後，試著把肉切開。這個時候，如果切面散發出濃濃的、像堅果一樣舒服的熟成香氣，就是適合享用的時候。這個香氣可以用來判斷熟成已經恰到好處。如果肉品腐壞了，會散發出獨特的腐臭味。

衛生方面

一定要注意的第一件事就是，熟成庫要保持固定的溫度和濕度。特別是溫度，需要細心的注意。雖然熟成庫配備有溫度計，但是要另外添置個別的溫度計，進行雙重確認。

如果是乾式熟成，在溫度3～5℃、濕度60～70％的環境下，接觸到空氣的部分幾乎不會腐敗。問題在於肉的內側。分解成屠體的時候，如果骨頭和肉之間已經有縫隙（裂痕），就有可能從這裡開始腐敗。

此外，帶骨的部位似乎比較少有腐敗的風險。切下骨頭的肉，在去骨時讓肉受到損傷，就有可能從那個部位開始腐敗。這個時候，腐敗會從骨頭痕跡的內側開始擴大。一旦發生腐敗的情形，就不是像堅果一樣好聞的熟成香氣，而是所謂的腐臭味會開始變濃。

以真空包裝運送而來的肉品，在骨頭的周圍會用布等緊貼覆蓋，以免骨頭戳破包裝袋，即便如此還是會經常發生戳出小洞的情形，所以進貨時必須多加留意。

此外，如果是真空包裝的話，必須注意包裝之後經過了多久的期間。即便是變成了真空的狀態，但將已經經過50天的肉品（經過濕式熟成的肉品）再進行乾式熟成的話，變成合計100天左右的熟成期間，所以腐敗的風險變得很高。

製作料理時對於熟成肉的構想

要將肉烤成一分熟，必須以熟成為前提。因為很難藉由加熱去除水分，所以藉由乾式熟成，預先去除水分到某種程度，使味道濃縮。當然會產生像堅果一樣的熟成香氣，所以必須採用適合這種香氣的調理方式。

CHICCIANO選擇適合熟成香氣的炭火燒烤。具有個性的熟成香氣，加上炭火燒烤的燻香的相乘效果，產生清爽的風味。

熟成庫
保持溫度3～5℃，濕度60～70％，經常使空氣對流。
使用的是Panasonic（原三洋電機）製造的熟成庫。

美國產牛 丁骨
分切和修整

1 以骨頭專用的鋸子，從距離切面1cm的附近切開T字形骨頭。

2 改持牛刀，切下肉（不可食用的部分）。為了保護切剩下的肉塊的菲力部分，請注意不要損傷附著在上面的脂肪。

3 切下2人份（1.5kg）的分量。將鋸子鋸入關節之間，切斷骨頭直到這個位置之後，改用牛刀將肉分切開來。

4 分切下來的丁骨。從這裡開始進入修整作業，切除已經變色的肉的表面、脂肪、硬筋等。

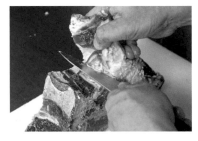

5 將骨頭側朝上，從緊鄰骨頭的地方切入刀子，切下內側的脂肪。

6 深入菲力底下的脂肪也切除。

7 削除位於骨頭下側已經乾燥變色的肉的表面直到此處，然後將肉的上下顛倒。

8 削除連接在7上的硬筋和脂肪。

9 脂肪保留5mm左右，其餘的削除。

10 已經修整完成的丁骨（照片左）和切下來的部分（照片右）。已經修整完成的丁骨重928g。

燒烤

烤爐和熱源
使用和歌山縣紀州備長炭的馬目樫。可以長時間使用，不容易冒出火焰，少有火星噴濺。使木炭的高度均等，在木炭和木炭之間空出間隙架起木炭，以便空氣流通，保持高溫。

調味
只使用鹽和黑胡椒調味。在丁骨牛排的兩面多撒一點鹽和黑胡椒。鹽是先撒上細鹽，讓鹹味滲入肉裡面，然後從上方撒上顆粒粗的卡馬格鹽再燒烤，外側烤焦之後讓客人感覺到苦味和鹽粒。

1 一開始以大火燒烤。因為前半段想將表面烤硬，所以不太翻面。待全體漸漸烤成較深的烤色之後才翻面。最初燒烤兩面時，以加熱2～3成的感覺燒烤。

2 將三方的側面立起來烤。

3 因為帶骨的側面不易加熱，所以一邊變更在烤爐上的位置一邊充分燒烤。從開始燒烤到移離爐火，以30分鐘為準。烤好之後放在烤爐邊緣溫暖的地方靜置15分鐘。

4 端到客席讓客人看看烤好的肉，再到廚房分切成容易入口的大小。先沿著骨頭將刀子切入，切下菲力。

5 將刀子切入骨頭的下方，沿著骨頭切下沙朗。菲力和沙朗都分切成厚片（1.5cm厚），用木板盛盤。

岩手縣產黑毛和牛 帶骨沙朗
分切和修整

1 以骨頭專用的鋸子切斷骨頭的部分。

2 切斷骨頭之後，改用牛刀切下1cm左右。這個部分不使用。

3 切斷的切面。

4 分切成需要的厚度。在這裡切下約4cm厚的肉（2人份）。首先以骨頭專用的鋸子切斷骨頭，再以牛刀切肉。

5 分切下來的帶骨沙朗。

6 刀子改持刀刃短的切肉刀，刀子的刀刃朝外，削除骨頭上已經變色的部分。

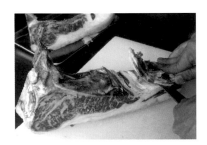

7 調換肉的左右邊，削除脂肪很厚的邊緣部分。

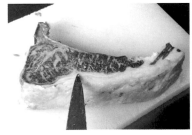

8 因為硬筋深入肉和脂肪之間，所以要切除到以刀尖指示的部分。

9 將刀子切入硬筋的上面，製造切痕。

10 將肉的上下顛倒，從9的切痕切入刀子，切下硬筋。

11 保留適量的脂肪（5mm左右），切除脂肪。

12 已經修整完成的沙朗（照片左）和切下來的部分（照片右）。損耗的部分相當多。

燒烤

1 在帶骨沙朗牛排的兩面撒上卡馬格鹽、黑胡椒。因為這個部位比丁骨的脂肪還多，所以要多撒一點鹽。

2 一開始以大火從兩面加熱2～3成。因為脂肪很多，所以很容易冒出火焰，請多加留意。

3 也從側面加熱。從開始燒烤到移離爐火，大約20分鐘。

4 放在烤爐邊緣溫暖的地方靜置10分鐘左右。

5 端到客席讓客人看看烤好的肉，再到廚房分切成容易入口的大小。將刀子切入骨頭的下方，沿著骨頭切下沙朗。將沙朗分切成厚片（1.5cm厚），盛盤。

炭火燒烤美國產安格斯黑牛丁骨牛排

已經開放進口日本的美國產丁骨牛排1kg，以炭火豪邁地燒烤而成。
因為帶有T字形的骨頭，所以稱為丁骨牛排。可以同時享用到菲力和沙朗這兩個部位。

丁骨牛排　約1kg（修整完畢）
鹽、胡椒　各適量

配菜
烤馬鈴薯
└ 馬鈴薯　1個
炒四季豆
├ 四季豆　10根左右
└ 無鹽奶油　適量

1　燒烤丁骨牛排，然後分切（→97頁）。
2　馬鈴薯切成4等分的瓣形，以鋁箔紙包起來，放在烤爐上慢慢烘烤。
3　四季豆以滾水燙煮，瀝乾水分之後沾裹奶油。
4　盛在木板上，附上烤馬鈴薯和炒四季豆。

炭火燒烤岩手縣產黑毛和牛帶骨沙朗牛排

將一般人熟悉的沙朗牛排，以帶骨的形式進貨並熟成，企圖使肉品產生差異化。

帶骨沙朗牛排　800g（修整完畢）
鹽、胡椒　各適量

配菜
櫛瓜（圓形切片）　6片
美味牛肝菌　1～2朵
鹽　適量

1　將帶骨沙朗牛排燒烤之後分切（→99頁）。
2　將櫛瓜和美味牛肝菌撒上鹽，以烤爐燒烤。
3　將沙朗牛排和配菜一起盛盤。

香辛佐料

（由上起逆時針方向）
香草油＊
岩鹽（賽普勒斯島產）
燻製鹽（賽普勒斯島產）＊＊
黑竹炭鹽（賽普勒斯島產）

＊將橄欖油與紅蔥頭碎末、百里香、馬鬱蘭、檸檬汁、鹽混合而成。

＊＊以岩鹽燻製而成。

低溫調理黑毛和牛
佐紅蔥頭辣根醬汁

將只以牧草飼育而成、香氣濃郁的大分縣產黑毛和牛的五花肉，真空包裝後再用低溫慢慢地蒸熟。佐以白奶油醬汁。作為套餐的前菜。

牛五花肉（塊）　500g
鹽、胡椒、月桂葉　各適量

1　牛五花肉撒上鹽、胡椒，與月桂葉一起放入真空袋中，以真空包裝機包裝起來。
2　以68℃的蒸氣旋風烤箱的蒸氣模式加熱6小時之後，將牛肉冷卻。
3　將牛五花肉直接隔水加熱，再切成容易入口的大小。在盤中倒入醬汁，將牛肉盛盤。將蔬菜一起盛入盤中，淋上橄欖油。

白奶油醬汁

紅蔥頭（碎末）　40g
無鹽奶油　1大匙
白酒　100cc
白酒醋　20cc
無鹽奶油（增加濃稠度用）　40g
辣根（磨成泥）　5g
鹽、胡椒　各適量

1　紅蔥頭以奶油炒軟，不要炒到上色，然後加入白酒、白酒醋，煮乾水分。
2　放入果汁機中攪打成滑順的泥狀之後，移入鍋中，加入奶油，增加濃度和光澤。
3　最後加入辣根，以鹽、胡椒調味。

配菜

胡蘿蔔、櫛瓜、蠶豆、蘆筍（野生）　各適量
法式清湯　適量

1　將胡蘿蔔、櫛瓜、蘆筍切成適當的大小，蠶豆去皮。
2　分別以法式清湯烹煮。

2種生火腿

以古拉泰勒生火腿和茴香風味的薩拉米香腸芬諾奇歐納（Finocchiona）組成的拼盤。時常變換種類。

古拉泰勒生火腿（吉貝洛產）
芬諾奇歐納（托斯卡尼產）

1　分別將火腿切成薄片之後，一起盛裝在木板上。

無花果生火腿

套餐的第一盤一定是端出生火腿。請品嘗以設置在店內中央的紅色火腿切片機切下來的火腿。

皮歐托吉尼生火腿（帕馬產。熟成19個月）
黑無花果（加州產）

1　以火腿切片機將皮歐托吉尼生火腿切成薄片。
2　攤開火腿片盛盤以方便食用，附上切半的黑無花果。

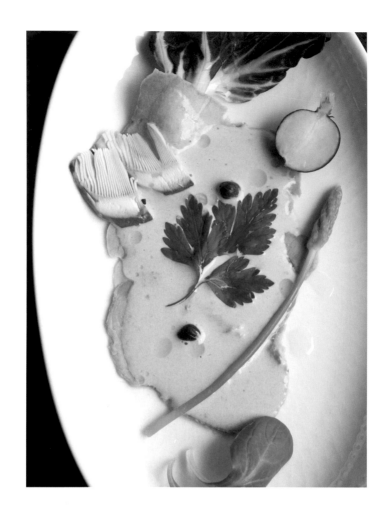

小牛肉佐鮪魚醬汁

這道料理源自義大利的經典菜色。將小牛肉以法式清
湯煮過之後切成薄片，淋上鮪魚醬汁之後享用。作為
套餐的前菜。

小牛里肌肉（法國產・塊狀）
　　1人份3～4片（20～30g）
鹽、胡椒　各少量
法式清湯　適量

配菜
沙拉＊＊　適量
橄欖油　適量

＊＊紫萵苣、羊齒菜、櫻桃蘿蔔、卵茸、蘆筍（水煮過）、
酸豆、義大利香芹。

1　小牛里肌肉去筋之後，修整形狀。
2　撒上鹽、胡椒，以加熱至80℃的法式清湯烹煮。
　　加熱時間以每1kg的肉加熱30分鐘為標準。
3　關火之後就這樣直接放涼。

4　小牛肉放涼之後，以火腿切片機切成2.5mm厚的
　　薄片，盛盤。淋上鮪魚醬汁。
5　與沙拉的蔬菜一起盛盤，再以畫圓的方式淋上橄欖
　　油。

鮪魚醬汁

（8人份）
鮪魚（罐頭）　30g
鯷魚　5g
酸豆　5g
美乃滋＊　70g
巴薩米可醋　1茶匙
李派林伍斯特醬、鹽、胡椒　各少量

＊以沙拉油、白酒醋、蛋黃製作而成。

1　將美乃滋、瀝乾油分的鮪魚、鯷魚、酸豆放入果汁
　　機中攪拌。
2　如果太濃的話可加入法式清湯調整。加入鹽、胡
　　椒、李派林伍斯特醬、巴薩米可醋調味。

蔬菜燉松阪牛尾筆管麵

以慢慢燉煮完成的蔬菜燉牛尾烹煮而成的筆管麵。切
成大塊燉煮的牛尾的分量感，只有在肉料理的專家
CHICCIANO才享用得到。

筆管麵（乾麵）　1人份30g
無鹽奶油、帕馬森乳酪　各適量

蔬菜燉牛尾（10人份）
- 牛尾（松阪牛）　1根份
- 大蒜　2瓣
- 洋蔥（切丁）　1/2個
- 胡蘿蔔（切丁）　1/2根
- 西洋芹（切丁）　1根
- 橄欖油　適量
- 紅酒　750cc（1瓶）
- 整顆番茄罐頭（含汁液）　700g
- 月桂葉、法式香草束　適量

1　製作蔬菜燉牛尾。將橄欖油倒入鍋中，以大火炒大
　　蒜、洋蔥、胡蘿蔔、西洋芹。蔬菜炒熟之後，加入
　　切成10等分的牛尾、紅酒、已經去籽的整顆番茄
　　罐頭、月桂葉、法式香草束。

2　煮滾之後撈除浮沫，蓋上鍋蓋，以180℃的烤箱煮
　　4～5小時。

3　取出牛尾、月桂葉和法式香草束備用。以手持式電
　　動攪拌器攪拌煮汁之後，將牛尾放回鍋中。

4　依照人數將蔬菜燉牛尾取出所需的分量，放入鍋中
　　開火加熱，加入煮得稍硬一點的筆管麵，稍微煮一
　　下使筆管麵入味。最後加入奶油，使之乳化。盛盤
　　之後，撒上磨碎的帕馬森乳酪。

蔬菜燉大分縣產
黑毛和牛肉寬麵

將只以大分縣產牧草飼育而成的黑毛和牛的五花肉熟
成之後使用。有時也會依客人的要求，在牛肉先上桌
之後才端上義大利麵。

義大利寬麵（手工製作・冷凍）＊　1人份40g
蠶豆　適量
無鹽奶油、帕馬森乳酪　各適量

蔬菜燉牛肉
牛五花肉（5cm小丁）　1kg
鹽、胡椒、橄欖油　各適量
洋蔥（碎末）　1/3個
胡蘿蔔（碎末）　1/3根
西洋芹（碎末）　1/2根
大蒜　1瓣
紅酒　300cc
整顆番茄罐頭　1kg

＊將00通用麵粉700g、粗粒杜蘭小麥粉300g、蛋黃10
個、全蛋5個、鹽10g、橄欖油30g揉和之後，以真空包
裝機包起來。放置半天左右，使麵團融合為一體之後，以
義大利麵製麵機製作麵條，再分成每份40g冷凍起來。

1 製作蔬菜燉牛肉。牛五花肉撒上鹽、胡椒，平底鍋
　中倒入橄欖油，將牛肉煎烤上色。

2 取另一個鍋子，以橄欖油慢慢炒洋蔥、胡蘿蔔、西
　洋芹、大蒜，炒到水分消失為止。

3 加入1的肉、紅酒、整顆番茄罐頭，煮滾之後撈除
　浮沫，蓋上鍋蓋，以180℃的烤箱煮2～3小時。

4 將義大利寬麵與去皮的蠶豆一起煮。依照人數將蔬
　菜燉牛肉取出所需的分量，一邊壓碎牛五花肉一邊
　加熱。此時加入義大利寬麵、蠶豆，然後加入奶油
　溶化之後，使之乳化。盛盤之後，撒上磨碎的帕馬
　森乳酪。

Specialità di Carne CHICCIANO

* 目前店址已遷往銀座。
　店名改為「Cuisine Gastronomique 吉平」。

〒107-0052
東京都港區赤坂3-13-13 赤坂中村大樓B1
Tel. 03-3568-1129
公休日　週日
營業時間
午餐　一～五　11:30～14:30（L.O. 14:00）
晚餐　一～六、假日　18:00～23:00（L.O. 21:30）

　　這是一家以肉料理作為主菜的義大利餐廳。熟成庫設置在從客席就可以清楚看見的位置。採用適合該肉品的乾式熟成，時常替換正值最美味時期的熟成肉，並將品項手寫在黑板上。一旦菜單固定，那麼在進貨的時候對於品質方面有時非得妥協不可，所以平時常備的牛肉限定為3種（北海道產池田牛、佐賀縣產佐賀牛、美國產安格斯黑牛），買進經常可以購入的優質牛肉。

　　正因為在店名中強調「Specialità di Carne」（肉類專家），所以除了乾式熟成的牛肉之外，還備有豬肉、羊肉、以設置在店內的旋轉烤爐烤製而成的布列斯雞等數種肉類菜單。紅色的生火腿切片機設置在飲料吧前面，從客席看來也很醒目，而且在客人面前切下香氣四溢的生火腿再端上桌的演出效果十足。

　　不論哪種肉都是切成厚片燒烤，所以要花費相當久的時間才會烤好，為了不讓客人久等，採用只有套餐料理的菜單構成。在肉烤好之前的時間，會提供客人義大利餐廳才有的名菜生火腿拼盤、前菜、義大利麵。在享用主菜的肉料理之後，以甜點、咖啡收尾。

　　此外，標記在菜單上面的肉料理價格，不只是主菜的肉料理而已，從前菜到甜點的價錢也全部包含在內。

菜單

晚餐

炭火燒烤紐西蘭產黑安格斯牛 肋眼牛排
　　7350日圓（250g）～
炭火燒烤北海道產池田牛（褐毛和種）臀骨肉
　　7875日圓（120g）～＊2人起
炭火燒烤佐賀縣產佐賀牛（黑毛和種）辣椒肉
　　9975日圓（150g）～
炭火燒烤三重縣松阪牛（黑毛和種）菲力
　　13650日圓（140g）～
炭火燒烤冰島產小羊肉
　　7350日圓（3片）～
旋轉烘烤法國產布列斯雞（肥育的小母雞）
　　8400日圓＊4人起
本日特選烤肉拼盤（3種推薦肉品試吃比較）
　　9975日圓～＊2人起
本日特選乾式熟成牛肉

＊服務費10%另計

午餐

Pranzo Veloce（速簡午餐）　1785日圓～
　＊價格依選擇的肉的種類而有所不同。下記為一例。
炭火燒烤青森縣產蘋果小羊腿肉
　　1785日圓（140g）
炭火燒烤美國產安格斯黑牛（極佳級）肩里肌肉
　　1890日圓（150g）
（數量限定）炭火燒烤大分縣產放牧黑毛和牛腿肉
　　2520日圓（140g）
（數量限定）炭火燒烤熟成池田牛臀骨肉
　　3570日圓（140g）

店鋪平面圖

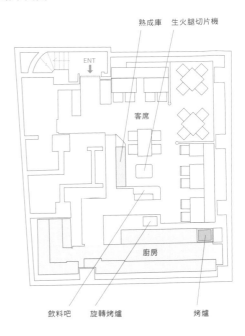

p.107：等待熟成的眾多牛肉。將經常能夠買到的優質牛肉進行熟成。
左頁上：設置在客席中的大型紅色火腿切片機。
左頁下左：主廚山縣類先生。他關注草飼牛的飼育情形，與以草飼為目標的大學和農業研究中心等研究單位，也有深度的交流。
下左：透過嵌在牆壁上的玻璃，可以看見烤爐。
下右：平時會準備3種左右的生火腿類，交替作為開胃菜。

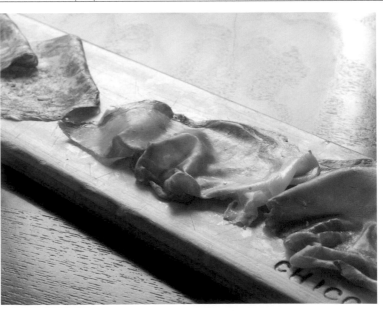

WAKANUI
GRILL DINING TOKYO

以在紐西蘭澄淨的空氣中成長的健康牛肉和羊肉製作而成的炭火燒肉是「WAKANUI」的主力商品。其中以橢圓形大盤子盛裝上桌的1kg厚切帶骨肋眼牛排,其壓倒性的分量很受歡迎。利用配合紐西蘭產牛肉肉質的熟成方法和烤法,連這麼大的分量吃起來仍相當順口。

紐西蘭產牛 帶骨肋眼

使用部位／帶骨肋眼（11kg）
等級／BMS（脂肪交雜）2.0以上、BCS（肉色）4以下
種類和產地／安格斯種（英國系肉用種·紐西蘭產）
供應商／CMP坎特伯里工廠
進口業者／ANZCO FOODS（株）
月齡／放牧18個月之後，肥育100～120天
飼育方法／草飼（以裸麥草為主）18個月，穀飼（以小麥、大麥為主）120天左右肥育。
運送方法／以真空包裝，冷藏運送。船運。牛隻屠宰之後，經過約3週的時間送達。

熟成前

紐西蘭產肋眼（11kg）。到貨時的肋眼。於紐西蘭採用真空包裝，在3週的冷藏運送期間經過濕式熟成的肋眼。

 熟成後　送達之後，在店肉經過3週乾式熟成的肋眼。水分蒸發會減少1kg左右的重量。

運送時，在包裝內的骨頭部分緊貼著防止滴液流出的紙張。紙張在吸收滴液的同時，也可以防止骨頭造成包裝破損。

關於熟成

熟成的種類和期間
濕式熟成3週（冷藏運送途中）＋乾式熟成3週。

熟成庫
保持溫度1℃、濕度70～90％，平時以風扇使空氣對流。熟成庫使用星崎製造的產品。關於溫度、濕度的管理，充分利用Time Machine（株）的TM測溫器系統，遇到發生異常的狀況會自動通知。

室內有4.3㎡。將熟成室設置在客人一走進店裡目光所及之處。在兩側及正面設置熟成用的層架。

在從餐廳店內看得到的位置，設置了3條垂下的鐵鍊，將肉品吊掛於吊鉤上。營業時段將聚光燈投射在吊掛的肉品上，提升視覺效果。

熟成方法
要熟成的肉品，拆去包裝之後將滴液擦拭乾淨。把清楚寫著熟成開始日的牌子插在肉品上，然後排列在熟

成室的層架上管理。或者將肉品用吊鉤吊掛起來。費時3週的乾式熟成，11kg的肉品會失去1kg左右的水分，變成10kg左右。

熟成的鑑定
熟成期間是試吃第1週到第4週的肉品，評比之後再決定的。以這種牛來說，21天的乾式熟成最適合。在適當設定的熟成庫內放置指定的期間之後，將肉的優點發揮到極致。進行熟成時，赤身肉會漸漸變黑。如果腐敗了會發出臭味，請注意。

衛生方面
限定進入熟成庫的人員，只限所需的最低限度時間內進入庫內。進入熟成庫之前一定要清洗手指並消毒，還要換穿熟成庫專用的拖鞋。放置肉品的層架，每週會清洗2次，清洗乾淨後再以酒精消毒。內部的壁面等處也要保持清潔。

處理肉品時的注意要點
要使用專用的砧板。以不要過度碰觸肉品為前提之下，迅速進行作業。此外，不要將修整完畢的肉放置在廚房裡，而是立刻放入冷藏庫保存。

製作料理時對於熟成肉的構想
為了讓客人品嘗到肉品本身品質的優點，①充分釋出鮮味，②適度保留咬勁，③雖有咬勁卻感覺到柔嫩度，這3點非常重要。為了發揮這些優點，21天乾式熟成的肉品是最佳狀態。

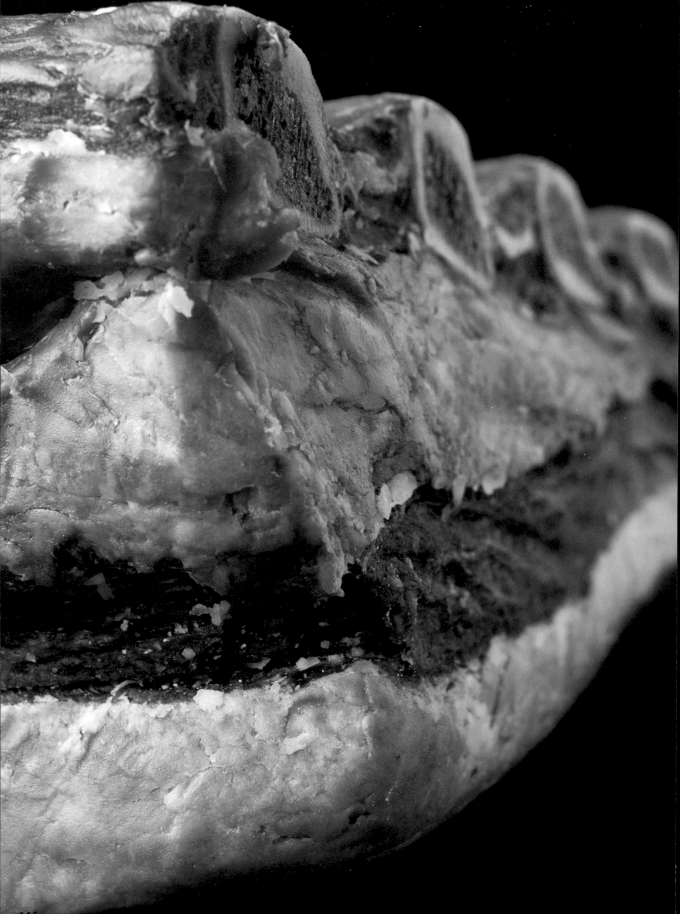

紐西蘭產牛 帶骨肋眼
分切和修整

1 首先，用手剝開稱為背帽肉的部分。從這裡開始將脂肪與薄膜一起剝離肉。

2 以手用力剝離。

3 將牛刀切入肉和薄膜之間，慢慢取下背帽肉。

4 將刀子切入各處，一邊用手剝開。

5 已經取下背帽肉的肋眼（前方）和取下來的背帽肉（後方）。背帽肉修整之後可以用來製作漢堡用的肉排等。

6 以刀尖取下殘留在肋骨之間的圓形骨頭（胸椎的根部。又稱為拳骨）。

7 已經取下圓形骨頭的肋眼。如果留下這個骨頭，在分切的時候會變成障礙。

8 將已經變色的表面全部削除。因乾式熟成而變硬的部分要切除。

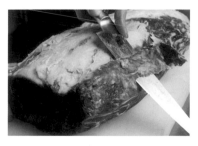

9 將肉翻面，然後將已經取下背帽肉的部分和骨側以外的表面全部削除。

10 薄薄地切除切面。

11 內側的狀態。

12 將刀尖切入在分切時會變成障礙的肋骨兩側。

13 將刀子切入骨頭的下側。

14 取下骨頭。

15 將刀子切入已經取下骨頭的痕跡處,分切出1.1kg。

16 將刀子切入骨頭的周圍,切下100g分量的脂肪。

17 露出骨頭,完成分切。約1kg的帶骨肋眼牛排。有時候也會在燒烤前將這個階段的肉端到客席讓客人看。

18 將肋眼牛排放在鋪有屠夫紙的長方形淺盆中,擺放時不要有空隙,上方以屠夫紙蓋住,放入冷藏庫保存。

背帽肉的修整

背帽肉的部分，因為要用來做漢堡排，所以要適度地削除脂肪。赤身肉和脂肪的比例以7比3左右為標準。

1　主要是使用赤身肉，所以切除多餘的脂肪。

2　削除表面。首先削除兩個切面。

3-1　削除脂肪。

3-2

3-3

4　適度保留脂肪的背帽肉。

燒烤

烤爐和熱源

使用的和歌山縣產的紀州備長炭，雖是可以長時間使用的木炭，但近年來開始缺貨。

左邊的烤爐，為了在肉的表面烙出格子狀的烤痕，希望保持高溫，所以將木炭粗略地交叉，保持良好的透氣性，將木炭燒紅備用。

右邊的烤爐是在最後完成時使用。最後想利用從牛肉滴落的油脂讓木炭冒出煙來燻香牛肉，但是以左邊的烤爐燒烤的話，冒出的火焰會將牛肉烤焦，所以右邊烤爐的木炭和木炭之間沒有空隙，緊密地架在一起，設法讓火焰不會冒上來。

調味

非常厚的牛排，在燒烤之前要先完全
恢復常溫。鹽、胡椒在要燒烤之前才
撒上。在以炭火燒烤時會滴下油脂，
那時鹽、胡椒也很容易隨著油脂一起
滴落，所以要在整塊肉上多撒一點鹽
和胡椒。

1 以預先燒熱的左側烤爐，將肉的切面
烤出焦痕。

2 將肉的方向轉90度重新放置，烤出
格子狀的焦痕。

3 不易燒烤的側面以石頭撐住，全面均
等地烤出焦痕。

4 烤出焦痕之後，以220℃的烤箱烘
烤15分鐘。中途翻面，將肉的中心溫度
提升至45～47℃。

5 從烤箱取出之後，放在溫暖的地方。
因為烤盤會漸漸變熱，所以偶爾將肉翻
面，同時靜置10分鐘。

6 肉的表面開始浮出油脂之後，移往右
側的烤爐，進入最後潤飾階段的燒烤。油
脂滴落在木炭上冒出白煙。翻動兩面，以
這個白煙燻烤。

7 將殘留在烤盤中的肉汁和油脂淋在
肉的上面，繼續冒煙。最後將表面烤得酥
脆，裡面也很溫熱。

Ocean Beef帶骨肋眼牛排 1000g

厚厚的帶骨肋眼牛排1kg，是希望由數名的小團體客人分食、分量十足的一道料理。
只以鹽和胡椒簡單調味的炭火燒肉。

Ocean Beef帶骨肋眼牛排

帶骨肋眼牛排＊　1000g
鹽、胡椒　各適量

＊紐西蘭產Ocean Beef的肋眼牛排。

1　燒烤帶骨肋眼牛排（→119頁）。
2　附上配菜的紅蔥頭和西洋菜。
3　附上2種醬汁、山葵泥和芥末籽醬。

配菜

紅蔥頭　3～4個
西洋菜　適量
鹽　適量
橄欖油　適量

1　紅蔥頭帶皮直接切入縱向的切痕，沾裹上鹽和橄欖油。
2　以160℃的烤箱烘烤20～30分鐘。
3　西洋菜切齊備用。

紅酒醬汁

紅酒　7.5公升
紅蔥頭（碎末）　1kg
百里香　1盒
小牛高湯　5kg
細砂糖　100g
鹽、胡椒　各適量

1　將紅酒、紅蔥頭、百里香放入鍋中開火加熱，熬煮至湯汁收乾到剩1/3量。收乾之後再以錐形過濾器過濾。
2　將1和小牛高湯倒入鍋中開火加熱，熬煮至湯汁收乾到剩1/3量。
3　將細砂糖放入另一個鍋中開火加熱，製作成焦糖。
4　在2中加入3的做成焦糖的細砂糖。
5　以鹽、胡椒調味。

大蒜醬油醬汁

醬油　2000cc
味醂　1000cc
洋蔥（碎末）　2個
蘋果（磨成泥）　2個
昆布　7cm1片
大蒜（碎末）　10瓣
砂糖　300g
水　500cc

1　將味醂開火加熱，讓酒精成分蒸發之後備用。
2　加入其他的材料開火加熱，煮滾之後立刻關火。
3　就這樣放涼，過濾之後備用。

香辛佐料

芥末籽醬　適量
山葵泥　適量

WAKANUI小羊排

WAKANUI知名的開胃菜小羊排。大部分的客人都會點用的人氣菜色。以春天到初夏時期的牧草飼育長大的小羊,是月齡未滿6個月的小體型,以柔嫩的肉質為特徵。

小羊排＊ 1根
鹽、胡椒 各少量
芝麻菜 適量

＊使用WAKANUI春羊的背里肌肉(將當季的小羊熟成一定期間,急速凍結而成的商品。去除背側的脂肪、肋骨周圍帶肉的軟骨之後,露出骨頭的肉排)。

1 小羊排撒上鹽、胡椒。
2 以烤爐燒烤。一邊翻面數次,一邊從兩面均等地燒烤,烤成三分熟。
3 附上芝麻菜,盛盤。

坎特伯里小羊
帶骨里肌肉 半份

肉質纖細的小羊肉，以盡可能不會對肉施加壓力的方式加熱。使用在位於紐西蘭南島坎特伯里平原的生產工廠中包裝好的帶骨背里肌肉。

小羊帶骨背里肌肉　半份（4根肋骨）
鹽、胡椒　各適量

配菜
紅蔥頭　2個
西洋菜　適量
鹽　適量
橄欖油　適量

1　小羊帶骨背里肌肉恢復至室溫之後，整塊直接撒上鹽、胡椒。

2　放在烤爐上，一邊翻面數次，一邊以大火燒烤整個表面。

3　全體烤上色之後，以預熱至220℃的烤箱烘烤大約2分半。

4　肉的中心溫度達到42～45℃之後從烤箱中取出，放在溫暖的場所靜置大約5分鐘。

5　紅蔥頭帶皮直接切入縱向的切痕，淋上橄欖油，撒上少量的鹽，以160℃的烤箱烘烤20～30分鐘。

6　將已經靜置完成的**4**的小羊肉，放在架著烤網的烤爐上，燒烤數分鐘就完成了。燒烤程度以三分熟為基準。

7　將小羊肉切成一半，與**5**的紅蔥頭一起盛盤。附上西洋菜。

小羊腰脊半敲燒

燒烤小羊里肌肉的表面之後切成薄片，與蔬菜一起盛盤的健康菜色。使用無骨的里肌肉。

小羊里肌肉
　（紐西蘭產腰脊肉）　50g
鹽、胡椒　各適量
紅洋蔥（薄片）　10g
番茄　適量
蔬菜嫩葉　5g
橄欖油、鹽　各少量

淋醬　適量
- 白酒醋　50g
- 橄欖油　100g
- 味醂　20g
- 紅蔥頭（碎末·泡冷水）　100g
- 醬油　50g

1　將塊狀的里肌肉撒上鹽、胡椒，在烤爐上只燒烤表面。移入長方形淺盆中，然後放在另一個鋪滿冰塊的長方形淺盆中冷卻。

2　將做成半敲燒的小羊肉切成厚5mm的薄片，攤平排列在盤中。

3　由上方淋入淋醬之後，撒上紅洋蔥。淋醬是將材料全部加在一起，以果汁機攪拌而成。

4　番茄切丁，與蔬菜嫩葉一起作為點綴。周圍滴入橄欖油，然後撒上鹽。

牧草牛菲力牛排 **250g**

安格斯種等英國系的肉用品種，以放牧的方式飼養，
只餵飼牧草的健康牛肉。使用月齡18個月的牛隻。將
柔嫩的菲力切成厚片，以炭火燒烤而成的牛排。

菲力牛肉（紐西蘭產）　250g
鹽、胡椒　各適量

配菜
紅蔥頭　2個
西洋菜　適量
鹽、胡椒　各適量
橄欖油　適量

1　從冷藏庫取出菲力牛肉，恢復至室溫備用。切成1
　　片250g，撒上鹽、胡椒。
2　用烤爐以大火燒烤表面。背面也以相同方式燒烤。
3　兩側都烤上色之後，移入預熱至220℃的烤箱中，
　　烘烤大約6分鐘。
4　牛肉的中心溫度達到42～45℃之後，從烤箱中取
　　出，放在溫暖的場所靜置大約6分鐘。
5　紅蔥頭帶皮直接切入縱向的切痕，淋上橄欖油，撒
　　上少量的鹽，以160℃的烤箱烘烤20～30分鐘。
6　將烤網架在烤爐上，放上**4**的牛肉，燒烤3分鐘左
　　右就完成了。燒烤程度以三分熟為基準。
7　將牛肉與**5**的紅蔥頭一起盛盤。附上西洋菜。

WAKANUI超值漢堡

午餐的人氣菜色。以未經乾式熟成的肉和經過乾式熟成的肉混合而成的漢堡排,製作出分量十足的漢堡。

漢堡排(11人份) 1人份180g

├ 牛絞肉＊ 2kg
├ 蛋 1個
└ 鹽 10g

洋蔥(稍厚的圓形切片) 1片
番茄(稍厚的圓形切片) 1片
醃黃瓜 1片
奇異果醬汁＊＊ 3g
美乃滋 適量
萵苣 1片
漢堡麵包 1個

配菜
烤馬鈴薯＊＊＊ 適量
西洋菜 適量

香辛佐料
番茄 適量
芥末籽醬 適量

＊將乾式熟成牛肉和有水分的牛肉(牧草牛未經產牛的邊角肉)混合之後,絞碎成中等程度備用。
＊＊將奇異果(切丁)4個份、白酒醋20cc、細砂糖80g、肉豆蔻少量放入鍋中,以中火～小火煮到呈現透明感為止。
＊＊＊馬鈴薯帶皮直接切成適當的大小,以180℃的烤箱烘烤大約30分鐘直到烤熟為止。

1 將牛絞肉、蛋、鹽混合,用手揉捏到變白為止。成形為1個180g,以平底鍋煎烤。

2 將漢堡麵包橫切成2片,內側以烤爐燒烤,在烤過的那面塗上美乃滋。

3 洋蔥也以烤爐燒烤。

4 依照順序將醃黃瓜、萵苣、奇異果醬汁、漢堡排、洋蔥、番茄重疊在漢堡麵包上面,放上漢堡麵包的上半部,然後盛盤。

5 附上烤馬鈴薯、西洋菜、番茄醬、芥末籽醬。

藍乳酪蘿蔓萵苣與苦苣沙拉

口感清脆的蘿蔓萵苣，搭配酸酸甜甜的蘋果和藍乳酪，帶來特殊的風味。

蘿蔓萵苣（切成大塊）　50g
比利時苦苣（切成大塊）　20g
蘋果（銀杏形）　10g
核桃（烘烤過）　3g
藍乳酪（紐西蘭產Kikorangi）　15g
鹽　適量
麵包丁＊　適量
沙拉醬汁＊＊　適量

＊將吐司切丁，以160℃的烤箱烘烤將近10分鐘，直到變得酥脆。
＊＊以核桃油2對蘋果醋1的比例混合，以鹽、胡椒調味。

1　將蘿蔓萵苣、苦苣、蘋果、核桃放入缽盆，撒上鹽。
2　加入適量的沙拉醬汁混拌。
3　將2盛盤，從上方撒下剁碎的藍乳酪和麵包丁。

香蒜鯷魚熱沾醬鮮蔬沙拉

將帶有甜味的有機蔬菜直接沾取醬汁享用。將顏色漂
亮的根菜和果實類蔬菜等,以好看的配色盛盤。

芥末菜 3〜4片
紅心蘿蔔(銀杏形) 3片
甜椒(紅・黃) 各1塊
胡蘿蔔(紅・黃) 各3塊
小黃瓜 2塊
櫻桃蘿蔔 1個
秋葵 1根
綠蘆筍 1/2根
比利時苦苣 1塊
玉米筍 1根

醬汁

┌ 大蒜 375g   ┌ 水 1.8公升
├ 橄欖油 25g   └ 牛奶 200cc
└ 鯷魚 125g

1 蔬菜浸泡在冷水中使口感變清脆,然後切成容易入
口的大小。

2 配色漂亮地盛在盤中。

3 製作醬汁。大蒜去除外皮之後切成粗末。

4 將大蒜放入鍋中,加入足以蓋過大蒜的水和牛奶
(以水9對牛奶1的比例),開火加熱。

5 煮滾之後調節火勢以免汁液溢出鍋外,燉煮收乾直
到變得濃稠(約1小時)。

6 將鯷魚加入鍋中,以木鏟平均搗碎。

7 加入橄欖油之後轉為小火。

8 因為鍋底很容易煮焦,所以要以木鏟一邊刮動鍋底
一邊沸騰大約10分鐘。

9 放涼之後移入容器中,放進冷藏庫保存。

10 上菜時將醬汁分裝在小鍋中,以固態燃料加熱。

義式番茄
莫札瑞拉乳酪球沙拉

一口大小迷你尺寸的莫札瑞拉乳酪球（Bocconcini）。
與相同大小的番茄一起盛盤的義式番茄乳酪沙拉是當作
前菜享用。

中果番茄　3個
莫札瑞拉乳酪球　3個
芝麻菜　20g
羅勒葉　1片
檸檬（瓣形）　1塊
橄欖油、鹽　各適量

羅勒青醬　適量
- 羅勒泥　10g
- 松子　5g
- 橄欖油、鹽　各適量

1　將番茄、莫札瑞拉乳酪球放入缽盆，以橄欖油、鹽
　　調拌。
2　將芝麻菜的葉子撕碎之後散放在盤中，盛入番茄和
　　莫札瑞拉乳酪球。
3　將羅勒葉撕碎之後撒在上面，放上檸檬。
4　最後淋上羅勒青醬。羅勒青醬是將材料全部加在一
　　起，以手持式電動攪拌器攪拌而成。

溫燻紐西蘭產國王鮭魚

將國王鮭魚切成厚片，以煙燻櫻花木屑燻製而成。以
適度去除油脂，加熱至濕潤的鮭魚做成的溫熱前菜。

國王鮭魚（魚柳）　50g×3塊
鹽、煙燻木屑（櫻花木）　各適量

配菜
青花菜　50g
小番茄（切半）　1.5個

番茄洋蔥醬汁
- 番茄（去籽・碎末）　900g
- 紅蔥頭（碎末・泡在冷水中）　300g
- 檸檬汁　3g
- 鹽　15g
- 胡椒　3g
- 青辣椒（紐西蘭產）　2根
- 橄欖油　適量

荷蘭芹（碎末）　少量

1　國王鮭魚撒上鹽。
2　將煙燻木屑放入炒鍋中，架上烤網，開火加熱。
3　開始冒煙之後，將國王鮭魚放在烤網上，蓋上鍋
　　蓋，燻製大約5分鐘。
4　製作番茄洋蔥醬汁。將材料全部混合之後稍待一陣
　　子使之入味。
5　將青花菜分成小朵之後，以加了鹽的滾水汆燙。
6　將國王鮭魚盛盤，放上番茄洋蔥醬汁。將青花菜和
　　小番茄一起盛盤。

配菜

平時常備6種當作燒烤料理的配菜，像是蔬菜
或蕈菇等。

炒菠菜

菠菜（大段）　160g
無鹽奶油　適量
鹽　適量

1 菠菜切齊成數公分的長度。
2 將奶油放入平底鍋中加熱，再放入菠菜下鍋炒。加
   鹽調味。

炒蕈菇

香菇　5朵
杏鮑菇　2根
舞菇　1/3株
鴻喜菇　1/4株
橄欖油　少量
無鹽奶油　少量
鹽　少量
荷蘭芹（碎末）　適量

1 菇類剝散之後切成一口大小。
2 將橄欖油和奶油放入已經燒熱的平底鍋中，加熱至
   融化。
3 放入菇類，以大火迅速拌炒，加鹽調味。
4 盛盤之後，從上方撒上荷蘭芹。

自製炸薯條

馬鈴薯（五月皇后）　220g
鹽　適量
荷蘭芹（碎末）　適量
沙拉油　適量

1 馬鈴薯預先蒸熟到竹籤可以迅速插入的程度。將馬
   鈴薯切成瓣形。
2 沙拉油加熱至180℃，將**1**炸至酥脆。
3 撒上少量的鹽，然後撒上切成碎末的荷蘭芹。

泰國香米香料飯

泰國香米＊　1kg
雞高湯　與米同量

新鮮香藥草油
橄欖油　適量
新鮮香藥草　各適量
　├ 百里香
　├ 義大利香芹
　├ 蒔蘿
　├ 羅勒
　└ 細葉香芹

鹽　適量

＊泰國產的香米。

1 將泰國香米以同量的雞高湯炊煮得稍硬一點。
2 去除香藥草的莖部之後，與橄欖油一起放入果汁機
   中攪打，製作成新鮮香藥草油。
3 將煮好的泰國香米飯180 g和**2**的新鮮香藥草油1大
   匙放入平底鍋中加熱，迅速拌炒之後以鹽調味。

WAKANUI
GRILL DINING TOKYO

＊目前店址已遷往芝公園。

〒106-0044
東京都港區東麻布2-23-14 トワ・イグレッグ B1
Tel. 03-3568-3466
公休日　無休（新年假期除外）
營業時間　11:30～15:00（L.O. 14:00）
　　　　　18:00～23:00（L.O. 22:00）

　　從麻布十番車站步行約5分鐘。WAKANUI位於由主幹道進入的一條住宅街，是紐西蘭大型食用肉公司的日本法人ANZCO FOODS株式會社的直營店。使用的肉品全部產自紐西蘭，葡萄酒單上列出的也是該國的品牌。在日本很難買到的高級葡萄酒也一應俱全。

　　WAKANUI的牛肉，與日本偏重的有細緻油花分布的霜降肉不一樣。吃紐西蘭的牧草長大，以穀物肥育的健康肉品，它的味道和餐後胃部不會沉重的爽快感，漸漸符合最近日本人的喜好。連厚度厚到怎麼也吃不完的霜降肉，也可以吃得很美味。

　　為了創造出那樣的美味，WAKANUI採用的是符合紐西蘭產牛肉特性的熟成方法。將在冷藏運送途中的濕式熟成，和在店內熟成庫中的乾式熟成合併施行，也就是所謂的雙重熟成。調整成鮮味濃縮得恰到好處，而且能保留鮮嫩肉品的多汁感。脂肪也變得香氣芬芳，非常順口。

　　厚片肋眼牛排的魅力就更不用說，WAKANUI知名的開胃菜、小羊排和午餐的超值漢堡，也非常受到顧客喜愛。

菜單

晚餐

[開胃菜・前菜]
WAKANUI小羊排（1片）　380日圓
本日前菜　1600日圓～
藍乳酪蘿蔓萵苣與苦苣沙拉　1400日圓
香蒜鯷魚熱沾醬鮮蔬沙拉　1600日圓
義式番茄莫札瑞拉乳酪球沙拉 附野生芝麻菜沙拉
　　1500日圓
本日鮮魚義式生魚片　1600日圓
香草醋漬紐西蘭產國王鮭魚 附鮭魚子
　　1500日圓
魚貝類沙拉風味「海洋沙拉」　1800日圓
小羊腰脊半敲燒 佐紅蔥頭油醋醬汁
　　1600日圓
溫燻紐西蘭產國王鮭魚　1600日圓
本日例湯 標準碗　900日圓
　　小碗　600日圓

[燒烤]
Ocean Beef
　帶骨肋眼牛排　8800日圓（1000g）
　切塊肋眼牛排　3500日圓（350g）～
牧草牛菲力牛排　3200日圓（250g）
坎特伯里小羊帶骨里肌肉
　半份　2100日圓
　整份　3900日圓
本日鮮魚料理　3000日圓

[配菜]
本日配菜　ask
水煮有機根菜　900日圓
炒菠菜　700日圓
自製炸薯條　700日圓
炒蕈菇　700日圓
泰國香米香料飯　700日圓

午餐

WAKANUI超值漢堡
　（熟成肉100%漢堡）　1280日圓
燒烤小羊排（3塊）　1480日圓
本日肉料理　1480日圓

[燒烤]
　Ocean Beef肋眼牛排　3800日圓（350g）
　牧草牛菲力牛排　5600日圓（500g）
　坎特伯里小羊帶骨里肌肉整份　3900日圓
肉醬多利亞焗飯（兒童餐）　1000日圓
午餐套餐　2100日圓～

店鋪平面圖

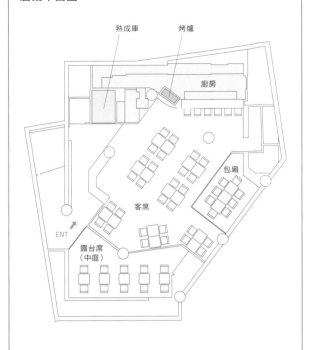

左頁上左：主要用餐室50席。以分食1kg大的牛排的小團體客人
為主。也備有包廂。
左頁上右：陽台席位於成為天井的明亮中庭，準備了12席。
左頁下左：透過玻璃可以從正面看見廚師烤肉的身影。
左頁下右：被聚光燈照亮的熟成肉。
下：入口處的招牌。

旬熟成

面向人行道的熟成庫中垂吊著的肉塊，吸引了眾人的目光。
「旬熟成」店中，作為主菜的炭火燒烤熟成肉，以及使用各式
肉品和產地直送的蔬菜製作而成的單品菜單非常豐富。1樓的
吧台座位、2樓的餐桌座位都是作為品嘗「肉」的葡萄酒吧，每
天都高朋滿座。

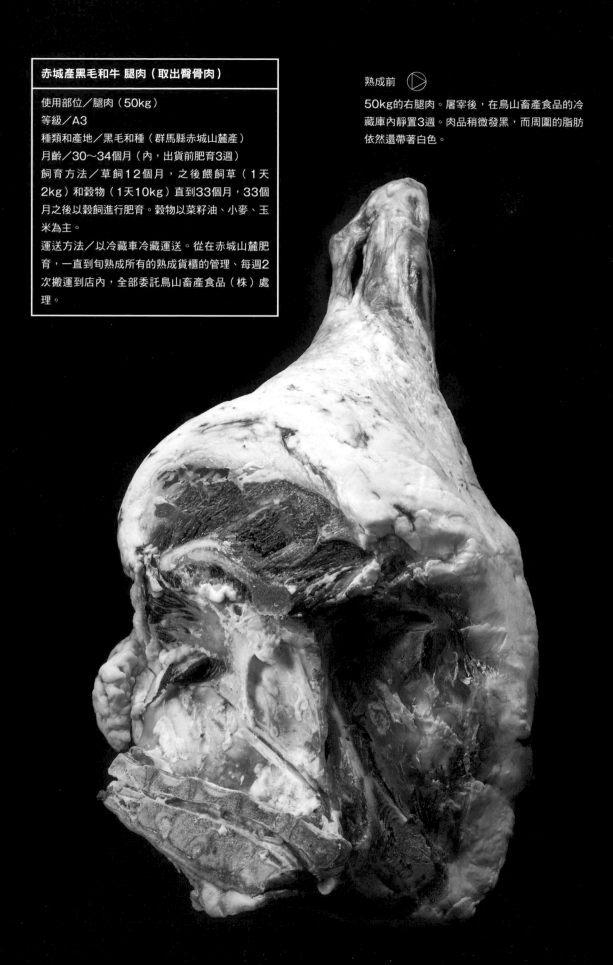

赤城產黑毛和牛 腿肉（取出臀骨肉）

使用部位／腿肉（50kg）
等級／A3
種類和產地／黑毛和種（群馬縣赤城山麓產）
月齡／30～34個月（內，出貨前肥育3週）
飼育方法／草飼12個月，之後餵飼草（1天2kg）和穀物（1天10kg）直到33個月，33個月之後以穀飼進行肥育。穀物以菜籽油、小麥、玉米為主。
運送方法／以冷藏車冷藏運送。從在赤城山麓肥育，一直到旬熟成所有的熟成貨櫃的管理、每週2次搬運到店內，全部委託鳥山畜產食品（株）處理。

熟成前 ▷

50kg的右腿肉。屠宰後，在鳥山畜產食品的冷藏庫內靜置3週。肉品稍微發黑，而周圍的脂肪依然還帶著白色。

以肉品包裝袋包覆，讓
肉品熟成。

熟成後　　經過60天乾式熟成的左腿肉。長出白色的黴菌，散發出好聞的
　　　　　熟成香氣。以1整根腿肉進行乾式熟成的話，修整時的損耗就能
　　　　　控制在20%以內。即使去除骨頭、外皮、筋等，50%的精肉率
　　　　　仍舊很高。攝影當時（2013年8月）使用的是冷藏3週＋乾式
　　　　　　　　熟成60天的肉品，但現在屠宰後延長熟成期
　　　　　　　　間到130天左右。

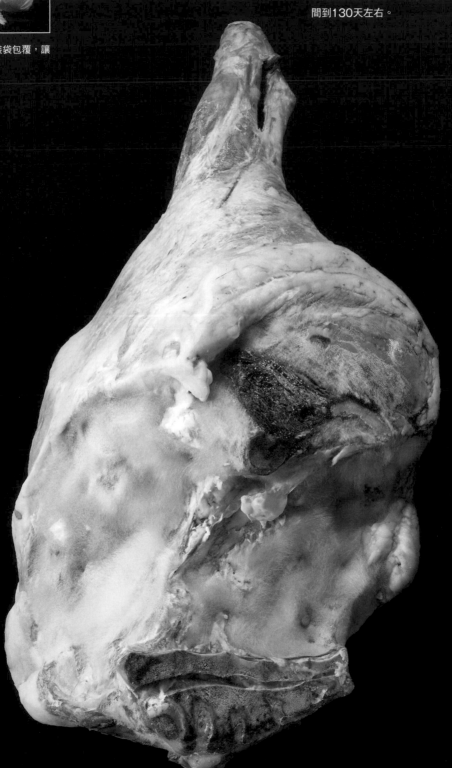

關於熟成

熟成的種類和期間

‧牛肉。目前在貨櫃熟成庫中平均熟成130天之後，在店內一邊進行乾式熟成一邊在2週內使用完畢。除了腿肉之外，帶骨的沙朗也同樣進行熟成。觀察肉品的狀態，嘗試延長熟成到140天。

‧小羊肉。分成3份（前腿肉、後腿肉、里肌肉）之後，放在店內的熟成庫中進行乾式熟成。被厚厚的脂肪覆蓋的部位，熟成時間可以進行得比較久（大約60天）。

‧豬肉。將切成一半的屠體放在店內的熟成庫中進行乾式熟成40天。

熟成庫（店內）

木製厚門的熟成庫是三洋電機製造的。設置在葡萄酒貯藏室當中。從人行道可以窺見部分的熟成庫，庫內深處相當寬敞。目前，旬熟成店內的熟成庫，是讓豬肉和羊肉進行熟成。而在貨櫃熟成庫完成熟成之後已經分解的牛肉，則是放在這裡面保存。

熟成方法

將改造成熟成庫的貨櫃設置在赤城山麓，牛腿肉和帶骨沙朗在這裡進行熟成。貨櫃長25m、寬3m，有40呎的容量，可以放入大約800kg的肉。環境保持在2℃的溫度，80％的濕度。為了保持這個濕度，熟成庫內設置加濕器。庫內空氣以冷藏的風扇緩慢地循環。以覆蓋著肉品包裝袋的狀態，平均熟成130天，1週2次冷藏運送到同一家店經營的西麻布的熟食店。在這裡分解之後，運送到麻布十番的旬熟成店內，在2週內使用完畢。

旬熟成店內的熟成庫保持在1～2℃。濕度是70～80％。這是只有肉品釋出的水分，沒有另外加濕。盡量減少開關庫門的次數，需要長期熟成的肉品就吊掛在熟成庫的後方。熟成時期比較短的肉品則吊掛在前方。

熟成的鑑定

要擱置一定的熟成期間，並要散發出好聞的香氣。此外，按壓赤身肉的部分時，失去彈性不會回復原狀的狀態為佳。脂肪部分也是一樣。特別是豬肉的脂肪等，用手指按壓時就直接凹陷下去。熟成前，脂肪的部分很硬，按不下去。

如果出現黏性或氨臭味，很有可能不是熟成而是正在腐敗。如果屠宰後的放血過程有問題，就很容易發生這個情形。

衛生方面

熟成庫面對人行道設置，夏季時溫度容易上升，所以經常保持適切的溫度、濕度很重要。庫內要經常保持清潔。

處理肉品時的注意要點

為了避免損傷肉品，不要增加無用的步驟。在燒烤的時候也盡量不要施加壓力。

製作料理時對於熟成肉的構想

因為經過長期熟成，適度地去除多餘的水分，肉品變得不易流出滴液，而且為了盡量不要對肉品施以壓力，使用低溫加熱，保留內部美味的肉汁。藉著熟成，消除了腥臭味，所以烘烤表面之後，放在溫暖的場所靜置一下就完成了。

赤城產黑毛和牛腿肉

分解

依照以下的步驟分解1根熟成後的牛腿肉。

1 取下髖骨→ **2** 取出內腿肉→ **3** 取下脛骨→
4 取下大腿骨→ **5** 取出後腿股肉和腿三角→
6 取出臀肉和外腿肉→ **7** 取出腱肉

取下髖骨（骨盆）

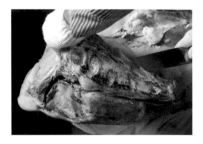

1 將牛刀的刀尖切入殘留在牛腿根部（與沙朗相連的根部）的U字形髖骨的周圍，一路切下去。先從U字形的內側沿著骨頭的形狀將刀尖切入。

2 將刀子切入殘留的薦骨下側。

3 也將刀子切入上側。

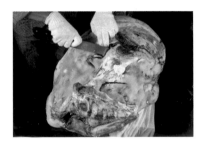
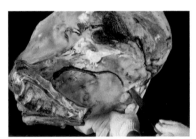
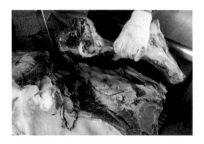

4 沿著骨頭的形狀從U字形外側將刀子切入。

5 刀子切入U字形骨頭周圍的終點。

6 用手抬起骨頭，切開與大腿骨相連的關節，取下髖骨。

取出內腿肉

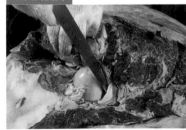

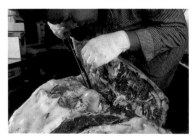

7 看得見大腿骨根部的關節時，將刀尖切入關節的周圍，切開周圍的筋。

8 沿著大腿骨，在內腿肉和後腿股肉之間有筋膜，一邊向內窺視，一邊用手探尋，以刀子一路切下去，分切開來。

9 一邊留意不要使肉受到損傷，一邊繼續切。

10 一邊用手拉開肉，一邊探尋筋膜。

11 將肉的部分完全分切開來。

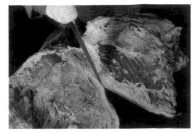

12 切開脂肪，切下內腿肉。

取下脛骨

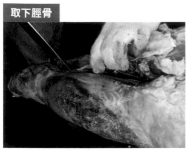

13 從切下內腿肉的邊緣部分，沿著脛骨將刀子切入骨頭的上面。

14 反向持刀，切斷阿基里斯腱。

15 從脛骨削開肉。

16 切開脛骨和大腿骨的關節，取下脛骨。

取下大腿骨

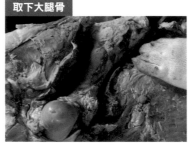

17 沿著大腿骨的關節和骨頭，切開周圍的肉，讓骨頭裸露出來。

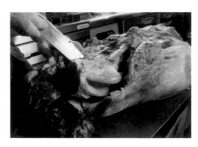

18 大腿骨和脛骨的關節周圍的筋也要切開。

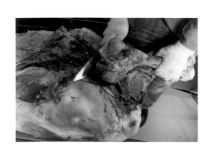

19 盡可能不要有肉殘留在骨頭上，取下大腿骨。

取出後腿股肉和腿三角

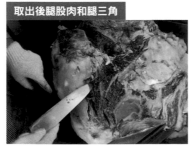

20 探尋後腿股肉的筋膜，以牛刀的刀尖稍微切入一些切痕。

21 利用腰臀肉和後腿股肉之間的筋膜分開成2塊。

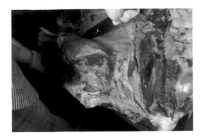

22 雖然用手拉扯末端就可以剝開，但是在各處切入刀子比較容易取下來。

23 切開脂肪，切下後腿股肉和腿三角。因為腿三角附著在腰臀肉的外側，所以取下的時候要留意避免損傷。

取出臀肉和外腿肉

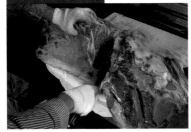

24 剩餘的肉在大腿骨和骨盆的關節痕跡附近橫向分切開來。

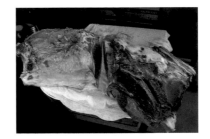

25 右邊是臀肉，左邊是外腿肉。

取出腱肉

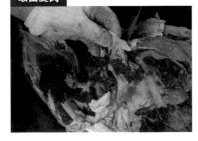

26 從外腿肉切下腱肉。反向持刀切入大腿骨和脛骨的關節根部。

27 沿著筋膜切入刀子，切開來。

28 在根部切斷腱肉。

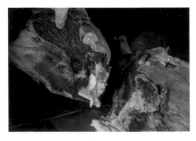

29 腱肉（左）和剩下的外腿肉（右）。

＊各部位在使用時先修整，再切成適當的大小使用。

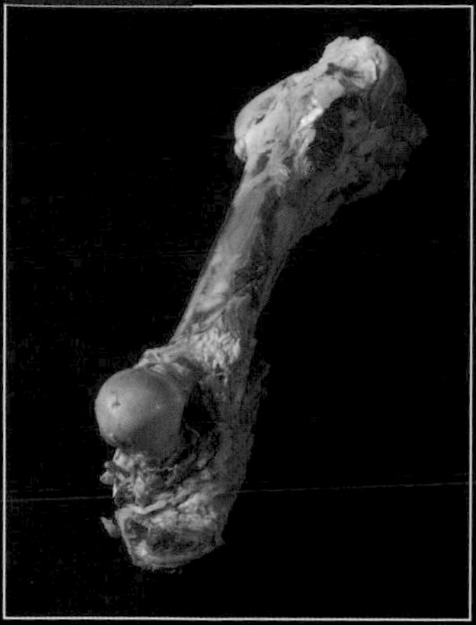

大腿骨

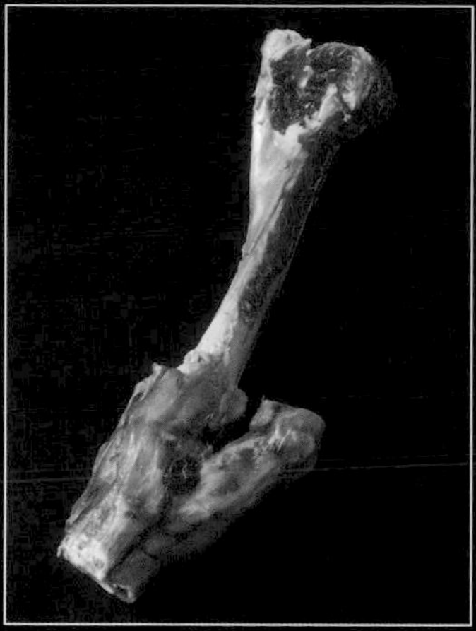

脛骨

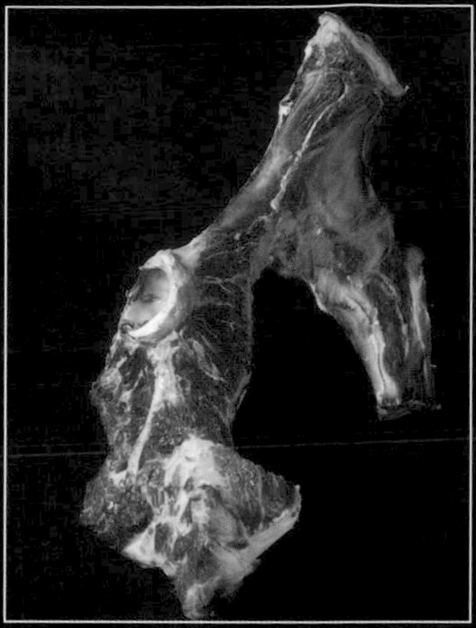

髖骨／U字形骨盆

腿肉的 4 個部位

臀肉

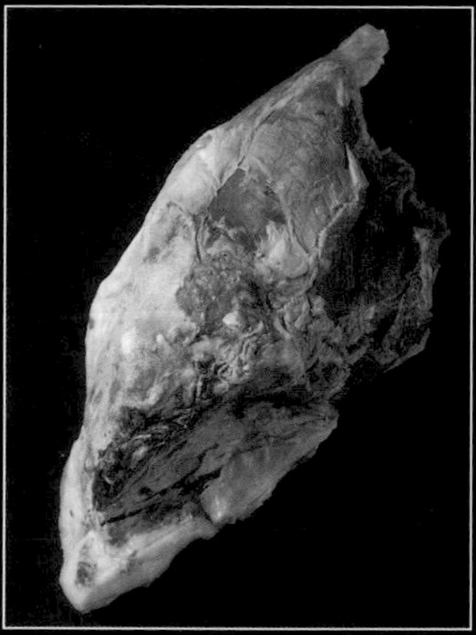

後腿股肉和腿三角

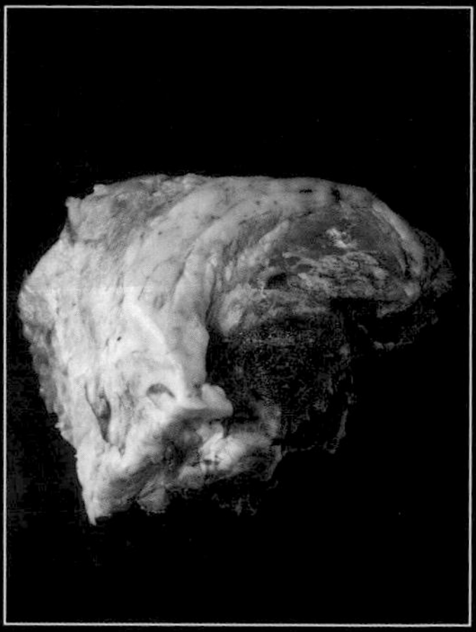

內腿肉

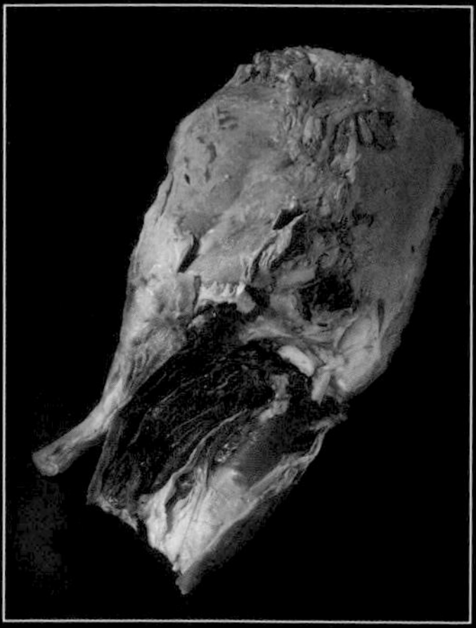

外腿肉

外腿肉

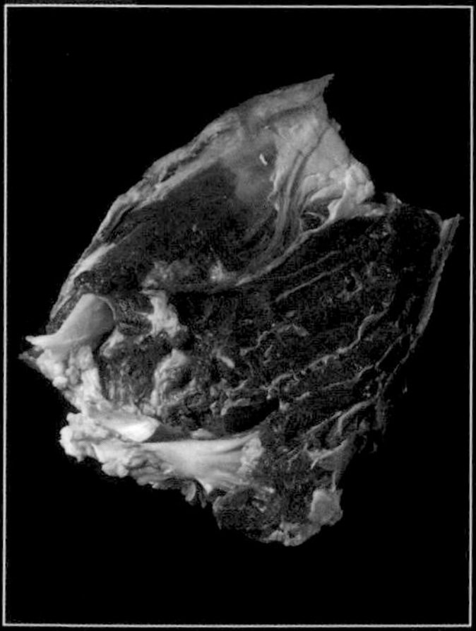

腱肉

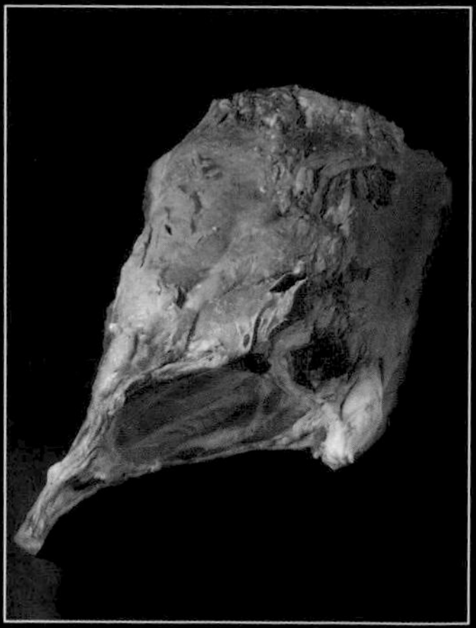

已經切下腱肉的外腿肉

臀骨肉的修整和分切

從臀肉分成腰臀肉和臀骨肉。

1 抬起腰臀肉,以刀尖切開臀骨肉和腰臀肉之間的筋膜。

2 轉換方向,沿著筋膜一直切下去。

3 一邊用手拉開腰臀肉,一邊將刀尖輕輕地切入,剝開筋膜。

4 將腰臀肉(左)和臀骨肉(右)切開。

5 修整臀骨肉。將附著黴菌、不可食用的部分薄薄地削除。

6 削下來的不可食用的部分。

7 將外側的脂肪朝上,以刀子削切下來。

8 沿著肉,將脂肪削切下來。

9 如果削下的脂肪還有肉附著,就適度地切除脂肪,然後用來製作燉菜和絞肉等。脂肪還能利用,所以先留起來。

10 將脂肪修整很很乾淨。

11 將內側朝上，削除筋膜和脂肪，清除乾淨。

12 修整完成之後的狀態。

13 最後削除殘留的筋膜。盡可能不要有肉附著在筋膜上面，只去除筋膜。

14 這個筋膜深入臀骨肉之間，可以利用筋膜將臀骨肉分成2塊。

15 一邊剝下筋膜一邊把肉分開。

16 切開殘留的筋膜。雖然通常似乎多半不分成2塊使用，但是因為這個筋膜不好吃，所以將它削除。

17 左起為已經去除的筋膜、分成2塊的臀骨肉。

18 肉較為細窄的部分用來製作其他的料理。炭火燒肉則是將有厚度的部分分切出所需的分量。

燒烤

烤爐和熱源
使用土佐備長炭。利用設置在烤爐上方的保溫器（70℃），在
中途進行低溫加熱。

1 分切成100g的臀骨肉。具有厚度比較容易燒烤。全體撒上鹽。

2 以炭火燒烤表面，沾附燻香。

3 烤上色直到這個程度之後，放在附有網架的長方形淺盆中。

4 將**3**放入保持70℃的保溫器中，加熱10分鐘。

5 再次以炭火加熱至中心，去除表面的水分和油脂。

赤城牛 臀骨肉

從熟成60天的牛腿肉取出的臀骨肉。建議佐以
鹽、醬油和山葵享用。

牛臀骨肉
鹽、胡椒　各適量

1　臀骨肉以炭火燒烤之後分切（→150頁）。
2　將肉盛盤，附上山葵泥、馬爾頓天然海鹽、
　　醬油端上桌。

香辛佐料

馬爾頓天然海鹽
山葵
醬油（田中屋）

法式鄉村肝醬

以熟成40天的豬肉和新鮮的羊肝製作而成的肝醬。可以品嘗到只有熟成肉才有的濃厚味道。

熟成豬肉（熟成40天）　3.5kg
羊肝　500g
炒大蒜（碎末）　50g
炒洋蔥（碎末）　600g
蛋　150g
開心果　100g
鹽　50g
黑胡椒　5g
肉豆蔻　5g
網油　適量
迷迭香、月桂葉　各適量

1　將熟成豬肉和羊肝放入口徑10mm的絞肉機絞碎。
2　在裡面加入炒過的大蒜和洋蔥、蛋、剝掉外殼的開心果。
3　將鹽、黑胡椒、肉豆蔻加入**2**中，用手充分揉和。
4　將網油裁切得比法式肉凍模具大一點，鋪在模具裡面，填入**3**。將網油從上方覆蓋，包起來，上面鋪滿迷迭香和月桂葉。
5　法式肉凍模具蓋上蓋子，放在裝了水的烤盤上，成隔水加熱的狀態，放入140℃的烤箱加熱2小時。
6　取出之後放涼。
7　要上菜時再分切，然後撒上黑胡椒。附上芥末籽醬和細葉香芹（皆為分量外）。

烤牛肉

採用從已經熟成60天的赤城牛腿肉分切出來的外腿
肉，再經過低溫加熱的烤牛肉。佐山葵醬油享用。

牛外腿肉（熟成60天→147頁）　牛腿1根份
鹽　適量
山葵醬油　適量
黑胡椒　適量

配菜

紅葉萵苣　適量
橄欖油、醋、黑胡椒、鹽　各適量

1　外腿肉直接使用1根份的肉塊。全體撒上多一點的
　　鹽，放進冷藏庫靜置3小時。

2　鹽已經入味之後，以炭火烘烤肉的周圍。

3　全體都均勻地烘烤過後，以70℃的保溫器低溫加
　　熱20分鐘。

4　取出之後放進冷藏庫中冷卻，使肉質緊實。

5　切成3～4mm厚的肉片。

6　紅葉萵苣以橄欖油、醋、黑胡椒、鹽調拌之後盛
　　盤，然後盛入8片烤牛肉。從上方淋上山葵醬油，
　　撒上黑胡椒。

韃靼牛肉

將已經熟成60天的內腿肉迅速烘烤、切細而成的韃靼
牛肉。高湯醬油是決定味道的關鍵。

牛內腿肉（熟成60天→147頁）　100g
高湯醬油　適量
橄欖油　適量
蛋黃　1個
洋蔥（切絲）　適量
黑胡椒　適量

1　將內腿肉切成薄片，放在已經燒熱的烤網上烘烤。
2　切成細條，加入高湯醬油、橄欖油混拌。
3　先將洋蔥鋪在盤底，再將2高高隆起地盛在洋蔥
　　上。在上方擺放1個蛋黃，然後撒上黑胡椒。

3種羊內臟

只需將新鮮的羊內臟撒上鹽，再迅速烘烤即可。入口
即化的甜味十分鮮明。附上做成糊狀的羊肝。

羊肝	80g	內臟的醬汁＊	適量
羊心	80g	烤麵包塊	5〜6片
鹽	適量	細葉香芹	適量

羊肝糊 40g
- 羊肝　400g
- 洋蔥（切絲）　150g
- 沙拉油　適量
- 馬德拉酒　80g
- 奶油　80g
- 鮮奶油　50g
- 鹽、胡椒　各適量

＊以醬油1對太白芝麻油3
的比例混合之後，加入1
撮鹽攪拌均勻。

1　將羊肝和羊心稍微撒點鹽，以炭火烘烤。

2　製作羊肝糊。將羊肝泡在冷水中去除血水。

3　將2的羊肝切成一口大小，與洋蔥一起以沙拉油
　炒。洋蔥炒軟之後加入馬德拉酒，熬煮到汁液收乾
　為止。

4　將3放涼之後，與奶油一起放入食物調理機裡混合
　攪拌成糊狀。

5　加入鮮奶油、鹽、胡椒之後繼續攪拌，再以細孔濾
　網過濾。移入密封容器中冷藏保存。

6　烤麵包塊、內臟的醬汁、羊肝糊裝在小碟中盛盤，
　然後將烘烤過的羊肝和羊心分切之後一起盛裝在小
　碟周圍。以細葉香芹裝飾。

手工香腸

將已經熟成的豬腿肉和豬肩肉絞成粗絞肉之後，填充成香腸。以烤箱烘烤到很酥脆之後上桌。

香腸 1盤2根
- 豬腿肉、豬肩肉（熟成40天） 1kg
- 鹽 10g
- 黑胡椒 1g
- 苦艾酒（紅） 40g
- 茴香籽 1g

配菜
馬鈴薯 1個
沙拉油 適量
鹽 適量
迷迭香 1枝
芥末籽醬 適量

1 製作香腸。將豬肉放入口徑10mm的絞肉機做成絞肉。在絞肉裡面加入鹽、黑胡椒，攪拌至充分產生黏性。

2 加入苦艾酒和茴香籽攪拌，以香腸填充器填入豬腸裡。每隔10cm（60g）扭緊豬腸，吊掛在熟成庫內，放置2週之後使用。

3 馬鈴薯整顆直接用水煮過之後切成一半，以180℃的沙拉油炸過，瀝乾油分之後撒上鹽。

4 將香腸和炸馬鈴薯放在燒熱的鑄鐵焗烤盤上，附上迷迭香。放入180℃的烤箱烘烤5分鐘。

5 附上芥末籽醬。

熟成肉漢堡排

利用已經熟成的牛腿肉和沙朗的邊角肉絞碎之後做成漢堡排。

漢堡排 1個180g
- 牛的邊角肉（熟成肉） 4kg
- 洋蔥（碎末） 800g
- 生麵包粉 300g
- 牛奶 200cc
- 鹽 50g
- 黑胡椒 6g
- 肉豆蔻 7g
- 蛋 4個

配菜
馬鈴薯 1個
沙拉油 適量
鹽 適量
迷迭香 1枝
帕馬森乳酪 適量

1 製作漢堡排。將牛的邊角肉放入口徑10mm的絞肉機做成絞肉。在裡面加入鹽、黑胡椒、肉豆蔻，攪拌至充分產生黏性。

2 接著再將洋蔥、生麵包粉、牛奶、蛋加入**1**中，繼續攪拌。

3 將**2**的肉餡取出1個180g的分量，排除空氣之後聚攏成橢圓形，製作成漢堡排。

4 馬鈴薯整顆直接用水煮過之後切成一半，以180℃的沙拉油炸過，瀝乾油分之後撒上鹽。

5 將漢堡排放在燒熱的鑄鐵焗烤盤上，將兩側烤成漂亮的金黃色之後，與炸馬鈴薯一起盛盤。放上1枝迷迭香，以180℃的烤箱烘烤10分鐘。

6 撒上磨碎的帕馬森乳酪。

紅酒燉牛腱

從已經熟成的外腿肉取出的腱肉。將乳酪撒在花時間慢慢燉軟的肉上面，以瓦斯噴槍炙烤後就完成了。

紅酒燉牛腱　1人份150g
- 牛腱肉（熟成60天→147頁）　4kg
- 鹽、黑胡椒、沙拉油　各適量
- 整顆番茄罐頭　2.5kg
- 洋蔥（碎末）　1kg
- 大蒜（碎末）　1kg
- 多蜜醬汁　3（比例）
- 紅酒　1（比例）
- 水　10公升

配菜
櫛瓜（清炸）　2塊
紅椒（清炸）　2塊
玉米筍（清炸）　2根
帕馬森乳酪　20g

1 製作紅酒燉牛腱。牛腱肉切成一口大小，以沙拉油炒。以鹽、黑胡椒預先調味。

2 在鍋中倒入可以蓋過牛肉的紅酒，加入整顆番茄罐頭、洋蔥、大蒜、水、多蜜醬汁，煮滾之後撈除浮沫，以水面會滾動的火勢煮2小時。

3 將2的紅酒燉牛腱取出1人份150g，加入清炸過的櫛瓜、紅椒、玉米筍加熱。

4 在上面撒上滿滿的帕馬森乳酪，再以瓦斯噴槍炙烤表面。

紅酒燉熟成肉緞帶麵

以集中一次製作的紅酒燉牛肉做成的義大利麵醬汁。沾裹在剛煮好的緞帶麵上面。

緞帶麵（乾麵）　1人份60g
紅酒燉牛肉（→左欄）　1人份150g
大蒜（碎末）　1瓣
鷹爪辣椒　1根
橄欖油　適量
紅酒　50cc
帕馬森乳酪　適量
鹽、胡椒　各適量
水菜　適量

1 以橄欖油炒大蒜、鷹爪辣椒。

2 冒出香氣之後，加入紅酒，讓鍋子燃起火焰，使酒精成分蒸發。

3 加入紅酒燉牛肉，最後溶入帕馬森乳酪。

4 將緞帶麵煮得稍硬一點，放入3中使之入味。以鹽、胡椒調味。

5 盛盤，添上水菜，由上方撒上帕馬森乳酪。

鰻魚油拌牛肝菌炊飯

充滿濃郁高湯和鰻魚油味道的炊飯。以琺瑯鍋炊煮之
後，直接端上桌。

牛外腿肉（熟成60天→147頁）　50g
米　170g

牛肝菌高湯　200g
├ 牛肝菌　400g
├ 水　2.4公升
└ 鹽　23g

鰻魚油
├ 鰻魚　400g
├ 橄欖油　700g
└ 大蒜（碎末）　200g
帕馬森乳酪　40g

1　萃取牛肝菌高湯。將材料全部加在一起，開火加
　　熱。煮滾之後移離爐火放涼，放進冷藏庫保存。
2　準備鰻魚油。將橄欖油倒入鍋中開火加熱，放入鰻
　　魚和大蒜炒煮。煮到大蒜變成黃褐色時就完成了。
3　將牛外腿肉切成細條。
4　將米淘洗之後放入琺瑯鍋中，加入牛肝菌高湯，蓋
　　上鍋蓋。以大火加熱，煮滾之後轉為小火，炊煮到
　　水分收乾為止（以小火加熱10分鐘為準）。
5　關火之後，放入切成細條的牛外腿肉、加熱過的鰻
　　魚油、帕馬森乳酪混拌，燜10分鐘。

香蒜鯷魚熱沾醬兩吃

先讓客人將生的蔬菜沾取醬汁食用，中途將料理撤回
廚房，以加入醬汁和奶油之後整鍋放入烤箱內烘烤而
成的烤蔬菜，請客人享用。

蘿蔓萵苣、紫萵苣
紅心蘿蔔、馬鈴薯（紅月）、胡蘿蔔
平莢四季豆、四季豆
秋葵、玉米筍、紅椒、櫛瓜　各適量

香蒜鯷魚熱沾醬　150cc
- 鯷魚　240g
- 大蒜（碎末）　60g
- 帕馬森乳酪　600g
- 白酒　300g
- 鮮奶油　2760g
- 鹽、黑胡椒　各適量

無鹽奶油　適量

1　製作香蒜鯷魚熱沾醬。炒鯷魚和大蒜。裡面加入半
　　量的鮮奶油之後加熱，以免鮮奶油產生分離現象。

2　將帕馬森乳酪磨碎，加入白酒之後開火加熱煮溶。
　　然後加入剩餘的鮮奶油。

3　將**1**和**2**混合在一起加熱，加入鹽、黑胡椒調味。

4　將蘿蔓萵苣鋪在琺瑯鍋裡面，將香蒜鯷魚熱沾醬倒
　　入小鍋中，放入鍋內，裝入已經分切成容易入口大
　　小的蔬菜。

5　中途將料理撤回廚房，將醬汁和奶油加入鍋中，連
　　同鍋子放入180℃的烤箱中加熱10分鐘。醬汁和
　　奶油的分量要配合剩餘的蔬菜分量調整。

主廚推薦沙拉

準備許多種蔬菜，以發揮各種蔬菜特色的方式調理之後一起盛盤的沙拉。

番茄（瓣形）　1個
炸茄子（瓣形）＊　1/2根
蘿蔓萵苣、紫萵苣、水菜（大段）
　　各適量
蔬菜嫩葉　適量
玉米筍（清炸）　4～5根
秋葵（水煮後縱切成一半）　2根
洋蔥（切絲）　適量
炸玉米＊　2塊
紅心蘿蔔　2塊
櫛瓜（清炸）　2～3塊

沙拉醬汁＊＊　適量
├ 橄欖油　400g
├ 醋　50g
├ 鹽　25g
├ 胡椒　1g
└ 砂糖　30g

巴薩米克醋濃縮醬　適量

＊茄子縱切成4等分。為了避免玉米粒掉落，刀子稍微附著在玉米梗上切塊。兩者都以加熱到160℃的沙拉油炸過之後，瀝乾油分。
＊＊將全部材料混合均勻。

1　以沙拉醬汁調拌葉菜類蔬菜，盛盤，上面再以漂亮的配色盛入其他蔬菜。
2　從上方淋入將巴薩米克醋收乾所製成的巴薩米克醋濃縮醬。

KITCHEN TACHIKICHI
旬熟成

〒 106-0032
東京都港區六本木 5-11-31
Tel. 03-3497-8875
公休日　週日
營業時間　17:00 ～翌日 1:00

店裡使用的食材、調味料全部都是日本的國產品。堅決主張「日本品質」的概念。如同店名「旬熟成」的意思，店家將藉由乾式熟成迎來旬（最佳食用期）的A3等級牛肉，以合理的價格提供客人享用。

蔬菜是直接向埼玉和山梨的契作農家進貨。因為使用國產的食材，所以調味料也是使用國產的鹽、醬油和味噌。當然葡萄酒也是準備日本的產品。

炭火燒肉的主菜是赤城牛和米澤豬。赤城牛是從群馬縣赤城山麓的牧場，買進1根牛腿肉和帶骨沙朗牛肉，放在設置於當地的貨櫃熟成庫和東京·麻布十番的店內的熟成庫，熟成130～140天。

設置在東京店裡的熟成庫，雖然是陽光不會直接照射進來的設計，但因為面對人行道，所以對於溫度的管理要多加留意。熟成庫內保持溫度1～2℃，濕度70～80％，最高設定到90％為止。店主跡部美樹雄先生說，如果保持這個溫度濕度範圍，腐敗的可能性就非常低。隨著熟成的進展，牛肉的表面會開始長出薄薄一層白色的黴菌。因為從人行道上就能看見吊掛在庫內的肉品，所以可望達到促銷的效果。

熟成之後，極力減少損耗地分切成各個部位，分別用來製作各種料理，企圖使菜單有差異化。

旬熟成1樓的吧台座位、2樓的餐桌座位每天都預約爆滿，是生意興隆的名店，年輕的客人很多也是該店的特色。2013年11月，旬熟成在西麻布開設熱食店，開始販售加工肉品和熟成肉（也能因應業務用途）。

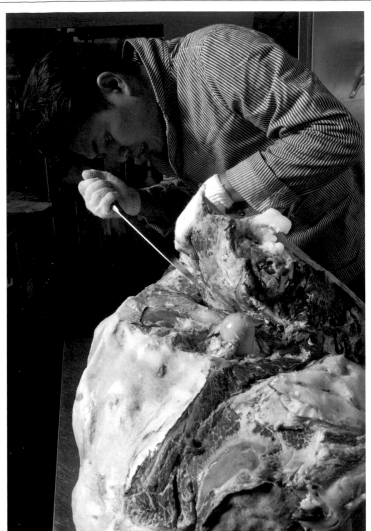

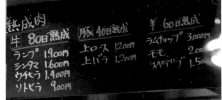

熟成肉
牛 80日熟成　豚 40日熟成　羊 60日熟成
ランプ 1,900円　上ロース 1,200円　ラムチョップ 3,000円
シンタマ 1,600円　上バラ 1,200円　モモ 2,000円
ウチモモ 1,400円　　　　　　　　スペアリブ 1,500円
ソトビラ 900円

菜單

[炭火燒肉]
赤城牛
　　腰臀肉　1900日圓
　　後腿股肉　1600日圓
　　內腿肉　1400日圓
　　外腿肉　900日圓

米澤豬一番育
　　上等里肌肉　1200日圓
　　上等五花肉　1200日圓
　　自製培根　1500日圓

[蔬菜料理]
契作農家的蔬菜 香蒜鯷魚熱沾醬兩吃
　　1500日圓
烤箱烘烤奶油根菜　850日圓
本日炭火燒烤蔬菜　300日圓
本日新鮮蔬菜　300日圓

[熟成肉料理]
手工香腸　600日圓
法式鄉村肝醬　600日圓
馬鈴薯燉熟成肉　850日圓
塊狀蔬菜燉米澤牛　1000日圓
焗烤馬鈴薯肉末　600日圓

[開胃菜]
鯷魚炸薯條　700日圓
普切塔（1個）　300日圓
油封雞胗～滿滿的蔬菜～　500日圓
肝醬　500日圓
乳酪拼盤　1200日圓

[時鮮菜魚]
海
　　小鰶鐵板燒　750日圓
　　季節貝類鐵板燒　950日圓
　　油漬沙丁魚風味秋刀魚　1000日圓
　　醋漬鯖魚義式生魚片　700日圓

山
　　義式番茄乳酪沙拉　700日圓
　　蘿蔓萵苣沙拉　800日圓
　　油炸高麗菜芽　1000日圓
　　滿滿香草鮮蝦炸什錦
　　　　～天婦羅沾醬凝凍和綠番茄～　900日圓

店鋪平面圖

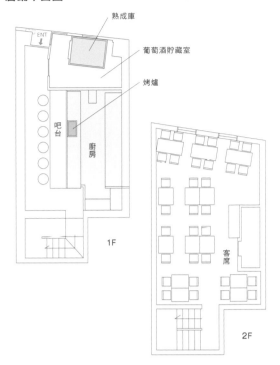

p.163：透過玻璃可以看到熟成庫的一部分。引起路過行人注目的店面。
左頁上左：為了降低損耗，牛肉是買進1整根腿部，熟成之後由店主跡部美樹雄先生親自分解。
左頁上右・上：內側後腿肉半敲燒加上高湯醬油和橄欖油之後，混拌均勻。
左頁上右・中：將當天正值最佳賞味期的熟成肉資訊寫在黑板上。
左頁上右・下：將肉以塊狀燒烤。以炭火和使用70℃保溫器的低溫加熱燒烤完成。
左頁下：吧台後方的牆壁布滿使用文字製作的設計。
下：2樓是清水模牆。牆上掛著諧仿歷史人物名字的海報。

料理別索引

肉種別料理索引

國家圖書館出版品預行編目資料

熟成肉聖經：專家聯手鉅獻，濃縮極致醇郁滋
　味的技術 / 柴田書店編著；安珀譯. -- 初版.
-- 臺北市：臺灣東販股份有限公司, 2021.05
168面；19×25.7公分

ISBN 978-986-511-672-9 (平裝)

1.肉類食物 2.烹飪

427.2　　　　　　　　　　　110004577

JUKUSEI NIKU NINKI RESTAURANT NO DRY AGING TO RYOURI
© SHIBATA PUBLISHING CO., LTD. 2014
Originally published in Japan in 2014 by SHIBATA PUBLISHING CO., LTD.
Chinese translation rights arranged through TOHAN CORPORATION, TOKYO.

熟成肉聖經

專家聯手鉅獻，濃縮極致醇郁滋味的技術

2021年5月1日初版第一刷發行
2023年3月1日初版第二刷發行

編　　著　柴田書店
譯　　者　安珀
編　　輯　劉皓如、曾羽辰
美術編輯　竇元玉
發 行 人　若森稔雄
發 行 所　台灣東販股份有限公司
　　　　　＜地址＞台北市南京東路4段130號2F-1
　　　　　＜電話＞(02)2577-8878
　　　　　＜傳真＞(02)2577-8896
　　　　　＜網址＞www.tohan.com.tw
郵撥帳號　1405049-4
法律顧問　蕭雄淋律師
總 經 銷　聯合發行股份有限公司
　　　　　＜電話＞(02)2917-8022